本书出版得到中国—东盟海上合作基金支持（外财函【2017】513号）

古小松　方礼刚 ◎ 主编

海洋文化研究

HAIYANG WENHUA YANJIU

（第2辑）

 中国出版集团有限公司

 世界图书出版公司

广州·上海·西安·北京

图书在版编目（CIP）数据

　　海洋文化研究. 第 2 辑 / 古小松，方礼刚主编. --
广州：世界图书出版广东有限公司，2023.11
　　ISBN 978-7-5232-0950-9

　　Ⅰ.①海… Ⅱ.①古… ②方… Ⅲ.①海洋－文化研
究－中国－文集 Ⅳ.①P7-05

　　中国国家版本馆 CIP 数据核字（2023）第 218330 号

书　　名	海洋文化研究（第 2 辑）
	HAIYANG WENHUA YANJIU（DI-2 JI）
主　　编	古小松　方礼刚
责任编辑	张东文
出版发行	世界图书出版有限公司　世界图书出版广东有限公司
地　　址	广州市海珠区新港西路大江冲 25 号
邮　　编	510300
发行电话	020-84184026　84453623
网　　址	http://www.gdst.com.cn
邮　　箱	wpc_gdst@163.com
经　　销	新华书店
印　　刷	广州市迪桦彩印有限公司
开　　本	787 mm × 1092 mm　1/16
印　　张	13.25
字　　数	246 千字
版　　次	2023 年 11 月第 1 版　2023 年 11 月第 1 次印刷
国际书号	ISBN 978-7-5232-0950-9
定　　价	58.00 元

海南热带海洋学院东盟研究院、海南省南海文明研究基地主办

目　录

海洋族群研究

文化基因视角下之本土蜑民与"周边""海人"①

方礼刚　方未艾②

【内容提要】"蜑民"或"蜑族"是中国的概念，历史上同属汉字文化圈的朝鲜半岛、日本列岛、中南半岛的越南等国家和地区在古代都曾经使用过。今天，除中国以外的亚太海域周边国家基本上都将类蜑群体称为"海人"（sea people）、"海女"（ama）、"家船民"（boat people）、"劳特"（Laut）、"莫肯"（Moken）、"巴瑶"（Bajau）、贾昆（Jakun）、"蜑家佬"（Tangaroa）等。他们与中国蜑民的关系已有前辈学者做过考证，而通过对蜑民文化基因的研究，能够更进一步认识这些群体与中国蜑民有相亲相近之处。这一主题的研究，对于构建海洋命运共同体和海洋文化共同体同样具有重要意义。

【关键词】蜑民；文化基因；周边海人；文化寻踪

本文以"文化基因"视角研究东南亚等"周边"国家和地区的类蜑（蜑疍相通，为便于与世界华人文化对接，本文统一用蜑）群体莫肯、巴瑶、劳特、海人、贾昆、蜑家佬等与中国蜑民的文化渊源关系，在叙述过程中，有时将这些群体统称或简称为"海人"或"劳特"。关于文化，不仅要从核心看周边，也要从周边看核心。何谓周边？王崧兴言："汉文化固然影响了异文化，异文化同时也影响汉文化。"③葛兆光进一步指出："简单地说，如果按照现代中国国境来说'周边'，'周边'当然只能是日本、韩国、蒙古、越

---

① 基金项目：国家社科基金一般项目"社会变迁视角下蜑民'海洋非遗'研究"（18BSH086），海南省重点新型培育智库海南热带海洋学院海上丝绸之路研究院成果。

② 作者简介：方礼刚，海南热带海洋学院副研究员，硕士生导师，主要研究民族社会工作、历史社会学、海洋文化；方未艾，通讯作者，美国加利福尼亚大学圣迭戈分校博士研究生，主要研究社会学。

③ 黄应贵、叶春荣：《从周边看汉人的社会与文化——王崧兴先生纪念论文集》，台北："中央研究院"民族学研究所，1997年，第260—261页。

南、缅甸、印度、俄罗斯等国家。"①葛氏之"国境",无意中忽略了中国南海这片海域,在这片海域之周边,尚有柬埔寨、泰国、菲律宾、马来西亚、印度尼西亚、文莱、新加坡等国家。本文所指的从周边看核心,更多的是聚焦汉文化在与周边文化的融合中,遗存与衍生,从而寻觅与我们相同、相似,乃至失落的文化基因,以期扩展蜑民文化的内涵与外延。

一、从本土蜑民看其"文化基因""原点"

研究人种之间的关系,不仅要从体质上进行基因研究,也要从社会和文化领域进行"基因"研究,即所谓的"文化基因"研究。本文选择"文化基因理论"作为研究范式,其理论假设是:蜑民文化基因是考察与研究"周边"海人文化基因的母体或原点。因此,有必要先对文化基因论做一个简单介绍。

(一)"文化基因论"理论借鉴

文化基因论认为,同一种文化圈或文化体系,是有基因传承的,同时又是相当于按"差序格局"分布的。"核心"区存在"原点"基因,"周边"区存在"衍生"基因。研究者在对各类"文化基因"进行归纳、分析之后,将其抽象为四个点,即无论哪一种文化,皆有原点、节点、支点和衍生点,这四个点好比一棵大树,地下部分的树根是"原点",树干是"节点",树枝是"支点",枝上开花结凸是"衍生点"。"原点、节点、支点是一体多面,基本不会有太多变化,只有衍生点变化较大。"②所谓原点,是指某种文化的核心层面或典型表现。所谓衍生点,是指某种文化的变形或隐形表现。原点是衍生点的参照和尺度,定位了原点,衍生点就有了依据。诚如此言,我们今天从周边国家"海人""海女"和"巴瑶""莫肯""劳特"等海洋族群中,隐约窥见到了一些蜑民文化基因的衍生点,通过这些衍生点,也可以反观、还原蜑民文化的"原点"。因此,认识蜑民文化基因的"原点",是认识和判断

---

① 葛兆光:《主持人的话:从"周边看中国"到"历史中国之内与外"》,载《复旦学报(社会科学版)》,2016年第58卷第5期,第1页。

② 吴秋林:《文化基因论》,北京:商务印书馆,2017年,第303页。

蜑民文化基因"衍生点"的前提。

（二）蜑民文化基因"原点"

在研究蜑民文化的时候，我们发现，不仅仅是"亚洲地中海"海域，在南太平洋，甚至南美洲，一些海洋群体所传承的海洋文化，比如葫芦文化等，与蜑民文化亦有极大的同源性。

《文化基因论》认为，中华文化基因的原点是与巫文化一起诞生的[①]，换言之，"巫"是中华文化的源头，那么，作为中华文化分支的蜑民文化，其源头亦必然是与"巫"相关。中国古史最早对"蜑"的记载，也证实了这一点。早于《史记》的《世本》中有一句话："廪君之先，故出巫诞（同蜑）。"[②]当是迄今为止关于"蜑"的最早记载。说明原初的蜑人也是"巫"人，其时正处于《尚书》中所讲的人神相通的上古时代。土家族认同廪君为创始人，也可以认为，土家族应当是远古蜑民的后裔。"蜑"之初，并非只在海上。

有学者指出："图腾发展的线索是先植物图腾、后动物图腾，先单一图腾、后复合图腾。"[③]这个论断是很有现实基础的。东夷是华夏文明之源，蜑人源出东夷，东夷的创世神话就是葫芦神话。闻一多先生是较早关注伏羲文化、葫芦文化与蜑人文化之间关系的学者之一，虽然只是一笔带过，但他的观点为后来的研究打下了基础。他在对所收集的 49 个伏羲女娲及"大洪水"故事进行详细分析之后指出"葫芦是造人故事的核心"[④]。那么，为什么要把葫芦拿来作为故事核心呢？闻一多先生从语音关系展开研究，得出伏羲、女娲就是葫芦化身的重要结论。[⑤]肯定了伏羲、女娲、盘古、槃瓠本一人，而葫芦与蜑又有什么关系呢？依据闻一多先生上述 49 个故事的分析资料进行整理，发现其中有一个共同的暗示，即"最初的传说都认为人类是从自然物变来，而不是人生的。而且蜑与葫芦形状相近，或许蜑生还是葫芦生

① 吴秋林：《文化基因论》，北京：商务印书馆，2017 年，第 287 页。
② 〔汉〕宋衷注，〔清〕秦嘉谟等辑、雷学淇校辑：《世本八种》，北京：中华书局，2008 年，第 51 页。
③ 陆伟民：《竹与中国民俗文化》，载《民俗研究》，1992 年第 2 期，第 19 页。
④ 闻一多：《伏羲考》，田兆元导读，上海：上海古籍出版社，2006 年，第 8 页。
⑤ 闻一多：《伏羲考》，田兆元导读，上海：上海古籍出版社，2006 年，第 59 页。

的变相说法。"① 蛋与蜑相通。"蜑人"这一称呼本是华夏先民对周边"未开化"的、如同卵生蛇类一样生活的"夷族"的贬称。闻一多论证，伏羲、女娲、盘古均为葫芦的拟人化，是"匏系氏"。匏系伏羲，匏者，葫芦也。伏羲、女娲、盘古不仅与"葫芦生人"有关，还与腰系葫芦渡水避水及大洪水有关。史称伏羲还会造（发明）渔网，其形象是"人头蛇身"②，说明伏羲一族也是龙图腾族团，与水有关。此外，东夷亦以鸟为图腾，说明古代"蜑族"既是龙图腾团族，也是鸟图腾团族。

葫芦象征"民之初生"。葫芦文化在我国的蜑民中已是普遍的存在，葫芦既是他们的信仰符号也是实用工具，如广州蜑民把葫芦系在小孩的背上，防小孩落水③。他们在咸水歌中唱道："妾住珠江隔岸遥，浮家日日鼓兰桡。娇儿生怕痴沉水，买个葫芦缚半腰。"④ 说的是葫芦的实用价值，而实用也是图腾的基础。

综上，以葫芦文化为核心的伏羲、女娲、盘古、槃瓠、洪水故事、凤鸟及龙图腾等元素都是蜑民文化基因的"原点"，带着这些基因原点，蜑民在向东南亚、南太平洋，乃至南美洲的迁徙、定居过程中，受环境及族群融合，甚至宗教信仰等因素的影响，会产生变异、变形或扭曲式的衍生发展，形成了不同的、多彩的文化，即所谓"衍生点"。通过对这些"衍生点"去粗取精，去伪存真式的辨析，或可拣拾蜑民文化的遗珠，进而发现其与"原点"基因之间存在图谱关系或种属关系。

二、从周边"海人"探寻蜑民文化"衍生点"

克莱德·伍兹在论及文化变迁时说："随着航海的兴起，这些文明的因素传播到了全世界。但是当它们传到边远地区时却已越来越淡化。"⑤ 这算是对蜑民文化或葫芦文化衍生现象的最好解释了。通过"文化基因"的比对，

① 闻一多：《伏羲考》，田兆元导读，上海：上海古籍出版社，2006年，第57页。
② 丁再献：《东夷文化与山东》，北京：中国文史出版社，2012年，第13—14页。
③ 何廷瑞：《台湾高山族神话·传说比较研究》，载《民族文学研究》，1985年第3期，第138页。
④ 陈永正：《岭南文学史》，广州：广东高等教育出版社，1993年，第915页。
⑤〔美〕克莱德·伍兹：《文化变迁》，昆明：云南教育出版社，1989年，第10页。

在东南亚巴瑶人、莫肯人、劳特人，南太平洋波利尼西亚人等"海人""劳特人"群体中，或有部分人与中国古蜑一族存在着极大的相关性。虽然有些判断或不能完全肯定，但中国古蜑向海外迁徙则应是不争的事实。

（一）东北亚韩、日"海女"：以葫芦文化为中心的竹、桃衍生文化

1. 葫芦文化象征韩、日海女文化的"原点"基因

古代朝鲜、日本离中国最近，因而受中华文化的影响更深刻，事实确如此，从韩、日海女（古称蜑妇）群体所体现的文化来看，正处于"原点"文化向"衍生"文化的过渡区域，葫芦崇拜仍然是其文化的深层部分。日本从整体来讲，是一个海洋民族。日本学者马场纪美史对比中国彝族和日本隼人相似的葫芦崇拜之后，得出结论，认为日本隼人源出中国彝族，因为葫芦是日本古代神话叙事中必不可少之物，是神灵寄居处[①]。田弥荣子也指出"日本天皇家堂供奉竹和葫芦象征祖灵"[②]。隼人源出彝人，彝人源出东夷，夷蜑同源，彝蜑也同源。葫芦作为实用物，也是中、日、韩蜑民群体的最爱。作为蜑民孑遗的"蜑妇"——日本海女，潜海时所随身携带的竹编盆正是葫芦的变体，与中国唐代流入日本的匏器"唐八臣瓢壶"[③]形状相同。《葫芦与象征》一书中记载："早年居住在朝鲜半岛的韩国人去日本，也是在腰间拴上几个'葫芦'来漂洋渡海，虽然早已改为船渡，今韩国人仍称船公为'瓠公'。"[④]她们至今还在腰里挂个葫芦出海作业。朝鲜王朝申光洙（1712—1775）所著《石北集》中的"潜女歌"有如下描述："一锹一笭一匏子，赤身小袴何曾羞。直下不疑深青水，纷纷风叶空中投。"[⑤]古代朝鲜半岛的葫芦文化由来有自。《三国史记·新罗本纪》："始祖姓朴氏。……辰人谓瓠为

---

① 〔日〕马场纪美史：《柴刺—忘れられた古代の 祭仪》，东京：苇书房，1990年，第 39 页。

② 〔日〕田弥荣子：《中国少数民族の创世神话——彝族の神话を典型として》，载《伝承文学研究（61 号）》，2012 年，第 26 页。

③ 孟昭连：《葫芦模制工艺始于唐代说》，收录于游琪主编《葫芦·艺术及其他》，北京：商务印书馆，2008 年，第 218 页。

④ 刘锡诚：《葫芦与象征》，北京：商务印书馆，2001 年，第 35 页。

⑤ 李相海：《海女文化》，北京：中国华侨出版社，2017 年，第 132 页。

朴。以初大卵如瓠，故以朴为姓。"①朴姓是新罗的开国姓氏，韩国人朴姓亦极多，朴的原义即是瓠，瓠剖开即是瓢（朴）。

2. 竹、桃文化是韩、日海女葫芦文化的"衍生"

竹、桃文化是中华葫芦文化的孪生。中日韩灵竹传说的共同点都是"葫芦化竹"或"龙化竹"，日本的生人神话中，神武天皇的族源与竹有关②。日本有竹山渡海、万波息笛③的传说，蛋民更是一个离不开竹子的群体。广东蛋民的咸水歌唱道："长堤晒网张渔具，密竹编篱种槿花。"④"插网畔边竹满渠，沿江多是蛋人居。"⑤王敬骝、胡德杨的民族语言学考证，指出在南方一些少数民族中，葫芦、竹子同为一词⑥。日本的"片田海女节"也展现了崇竹习俗，"每到这一天，海女们便制作9支小竹桶和3升3勺白米做成的白饼，一同供奉到龙宫井户附近的海中岩，以此来安抚八大龙王并祈祷遇难海女的冥福，……祈祷仪式结束后，……将小小的竹筒投进大海。"⑦海女们的崇竹习俗，应是对先人渡海而来的纪念。日本《古事记》亦明言文化是"渡来"的，是来自新罗、百济及秦人、汉人⑧。

广州蛋妇将桃树视为女性和生育的象征，其蛋歌唱道："蛋户生涯托水涯，但求生女莫生儿。河南有个金花庙，庙侧桃花子满枝。"⑨徐晓光通过对中国西南少数民族与日本植物崇拜神话进行比较，得出结论："在中国性崇

①〔高丽〕金富轼：《三国史记·新罗本纪》，日据时期朝鲜史学会编印，1927年，第1页。

②〔日〕太安万侣：《古事记》，周作人译，北京：北方文艺出版社，2018年，第60—68页。

③〔高丽〕一然著、崔虎译解：《三国遗事》，〔韩〕权锡焕、〔中〕陈蒲清注释，汉城：弘新文化社，2009年，第111页。

④ 林有能：《蛋民文化研究》，香港：香港出版社，2012年，第294页。

⑤ 王利器、王慎之、王子今辑：《历代竹枝词》，西安：陕西人民出版社，2003年，第1137页。

⑥ 徐晓光：《瓜、桃、竹与人的出生——中国西南少数民族与日本植物崇拜神话比较》，载《贵州民族学院学报（哲学社会科学版）》，2004年第3期，第37—43页。

⑦ 李相海：《海女文化》，北京：中国华侨出版社，2017年，第64—67页。

⑧〔日〕太安万侣：《古事记》，周作人译，北京：北方文艺出版社，2018年，第141—142页。

⑨ 陈永正：《岭南文学史》，广州：广东高等教育出版社，1993年，第918页。

拜意识中，将葫芦、瓜、桃子等作为女性性器的代替物。……瓜和桃在母体崇拜实物上是互通的。"①日本一个家喻户晓的神话故事《桃太郎》也与原初生命是从水上"渡来"有关。主人翁桃太郎生于从河中漂流来的桃子，他成长迅速，力大无比，后来成了神奇的打鬼勇士。②与中国的桃符厌鬼消灾异曲同工。日本的桃文化处处显露出海洋文化气息，与中国蜑民对桃的精神寄托是同源同根的。

（二）东南亚劳特、莫肯、巴瑶、贾昆等：以竹文化为中心的龙棒、石榴、槟榔衍生文化

"劳特"（Laut或Lautan）是马来语"海上居民"的称谓，也是"莫肯""巴瑶""贾昆"等的统称。中国古代典籍中，将这类世居的"海上居民"谓之"海人""海番""海滨人"或"罗越人"。据资料，东南亚劳特人有百万之众。劳特人主要有两大支，中南半岛海域多称莫肯（Moken），马来群岛海域多称巴瑶（Bajau）、贾昆（Jakun）。人类学家将这些海上居民族群划分得更细：

> 以马来半岛西北岸，缅甸南部的墨吉诸岛沿岸和新加坡附近为首的、在海上从事捕鱼生活的诸种族。在墨吉诸岛的莫肯人或塞隆人；在柔佛及新加坡的奥朗塞利塔尔人或拉亚特拉乌特人；在廖内-林加诸岛的巴罗克人；在邦加、勿里洞岛的塞卡人或朱鲁人；在马都拉东岸的库阿拉人；在婆罗洲、苏拉威西、小巽他列岛及摩鹿加诸岛的巴召（巴瑶）人等。他们虽因地区的不同有各种异称，但都被称为海上居民或"海上流浪者。上述原始马来，从人种看，显然属蒙古人种，但不可否认其中也混杂有维达人的成分。……他们一般身矮（贾昆人男子平均为153公分）、中一短头、具有直的或轻度的波状发、褐色皮肤。眼角的水平方面虽非蒙古人种，但有时出现蒙古皱襞。"③

---

①〔日〕太安万侣：《古事记》，周作人译，北京：北方文艺出版社，2018年，第141—142页。

②〔日〕坪田让治：《日本民间故事》，陈志泉译，北京：人民文学出版社，1979年，第111—115页。

③〔日〕石川荣吉、钟美珠：《东南亚民族系统》，载《民族译丛》，1981年第1期，第56—60页。

石川荣吉将上述"海上居民"都归为"原始马来人",彼得·贝尔伍德研究认为,原始马来人的祖先最初来自中国南方特别是台湾,他们在新石器时代中晚期迁徙至南洋群岛。[①]

徐松石先生以大量的史实,深入分析论证,断定今日南洋棕色民族的祖先,最主要的部分,发源于中国的东南沿海地带,认为可以清楚地推溯到夏朝大禹王的时候,距今已有4000余年的历史。指出"劳特"即中国古代的"鸟田",以及鸟田的变音"鸟夷""卢亭""骆田""獠蜑""萝蜑"等[②],深服膺之。这一论断,也使得认为蜑民是晋末卢循兵败逃入沿海的一支的说法存疑。徐松石的研究只是得出了一个基本的判断,所以仍然有必要通过蜑民文化的基因分析,再从侧面提供一些佐证。

上文已述及,竹文化本就是更接近核心的中华文化圈中葫芦文化和龙文化的变形,而龙棒、石榴、槟榔等则是从竹文化衍生而来。石榴、槟榔与葫芦、竹都是多子多节以及成串的植物,与生殖、生命、祖灵有关,龙棒更是龙的化身。这些文化符号,也只有放置于中华文化圈中才能更深刻地理解。

1. 贾昆人、多拉杰人竹文化中隐含造人神话与祖灵崇拜

在中华文化对外传播的差序格局中,东北亚处于离中心最近位置,因而这一区域蜑民的生人神话是以葫芦文化为核心;中南半岛次之,逐渐从葫芦传说转向了与葫芦更近似的南瓜等瓜果传说;马来半岛再次之,虽然葫芦文化在东南亚劳特人的深层记忆中也有过出现,但其生人传说中,葫芦文化的变形物竹文化占据了中心,并从竹文化衍生出了其他相关象征物。这与当地的植物生长环境是有关系的,也印证了文化学者克莱德所言的随着航海的兴起,文化在向周边变迁的时候是"越来越淡化"[③]的观点,然而,"文化基因"是不会轻易改变的。劳特人没有长期固定居所,只在台风季节或某种节日才在荒岛临时搭棚暂住,因而他们不会开展种植,只习惯利用岛上的天然植物资源,而竹就是这样一种资源,傍竹而居,以竹为用,是中外蜑民的习

---

① 彼得·贝尔伍德:《南岛语系的扩展与南岛诸语的由来》,李果译,载《民族译丛》,1994年第3期,第30页。

② 〔美〕徐松石:《南洋民族的鸟田血统》,收录于魏桥主编《国际百越文化研究》,北京:中国社会科学院出版社,1994年,第455—458页。

③ 〔美〕克莱德·伍兹:《文化变迁》,昆明:云南教育出版社,1989年,第10页。

惯。劳特人与蜑民一样，对竹确有一种天然的亲近，他们从生到死，都离不开竹。劳特人居住的海边高脚屋是用竹搭建的[①]，他们祭祀用的祭台是竹制的高脚屋微缩模型，人死后的灵床也是用竹制作[②]。马来西亚生活着陆居巴瑶人的一支"贾昆人"，他们"每个村子都有竹制的专用风磨，……可作为丛林迷路人的引路标志"[③]。竹子是部落或群体的标志。菲律宾的海洋民族也有《竹节生初民》的传说[④]。印度尼西亚苏拉威西海域是巴瑶人活动的重点区域，他们之中也流传着创世神话"竹青年"的传说[⑤]，与《竹节生初民》异曲同工。苏拉威西岛一个来自海洋的民族"多拉杰"（Tanah Toraja）人的创世神话传说中不仅与竹有关，其人还自述来自千余年前的中国[⑥]。竹崇拜也是祖灵崇拜，是中华文化的特色，东亚、东南亚的海洋民族，对竹子情有独钟。

2. 巴瑶人、莫肯人槟榔文化、石榴文化是灵竹文化的变体

马来语中，巴瑶人将结子成串的瓜果类称为"麻阳"（mayang）[⑦]。葫芦、槟榔、石榴等都是麻阳属，其隐喻与中华文化中的"瓜瓞绵绵"，以及竹子"节节相连"是一样的。深受巴瑶人"咸水歌"（Iko-Iko）影响的"马来班顿"歌词有唱道："一个手掌五指头，两个手掌十指扣；明明播下石榴

---

①〔泰〕卡摩尔·素金：《土著部落与环境协调共处传统知识对环境保护有利》，载《科技潮》，2000年第11期，第92—93页。

②〔印尼〕Halina Sendera Mohd. Yakin, "Cosmology and World-View among the Bajau: The Supernatural Beliefs and Cultural Evolution", *Mediterranean Journal of Social Sciences*, MCSER Publishing Rome-Italy, Vol. 4, No. 9, 2013, pp.184-194.

③〔俄〕E. B. 列乌年科娃、赵俊智：《马来西亚的小民族：塞芒人、塞诺人、贾昆人》，载《民族译丛》，1989年第1期，第61页。

④ 张兰英：《菲律宾神话传说：竹节生初民》，收录于张玉安《东方神话传说（第6卷）》，北京：北京大学出版社，1999年，第287—289页。

⑤ 雪飞：《印度尼西亚神话：瓦佐与新岗王朝的来历》，收录于张玉安《东方神话传说（第7卷）》，北京：北京大学出版社，1998年，第77—79页。

⑥ 张振伟：《印尼山民：悬崖上建坟墓，抬着房屋为死者送行》，发表日期2012-09-21，引用日期2022-10-12，网址 http://www.wenwuchina.com/a/22/163336.html。

⑦ 张旸：《汉语和马来语名量词对比及偏误分析》，兰州大学硕士学位论文，2021年，第32页。

种，为何冒出葫芦头？"①表达的正是这种多子多福的意思，葫芦仍然是他们深层次的生命符号和祖先隐喻。而且，"马来班顿"的表达方式与中国蜑民的咸水歌是一样的。葫芦文化被带到东南亚之后，逐渐与当地的相关植物结合，衍生出了葫芦文化的变体——竹文化以及槟榔文化和石榴文化等。"麻阳槟榔"成为巴瑶人葬俗上的重要祭品，称为"Duang"，槟榔作为祭品与中国南方的蜑民风俗是一致的。Halina Sendera Mohd在其论文中对巴瑶人的葬俗有这样一段话："麻阳槟榔（manyang pinang）是一种礼物或纪念品，不仅是祭给刚刚去世的人，也要祭给之前去世的人。根据当事人的描述，麻阳槟榔被视为死者世界里的一种竞争或奖励。"②槟榔也是莫肯人婚礼中最重要的礼品。莫肯人婚礼很简单，由新郎的一些朋友带着三件礼物到新娘家，其中包括一个完整的槟榔果盘和聘金。③"完整的槟榔果盘"与海南蜑民的婚俗中"盛以银盒"异曲同工。《正德琼台志》所记古代海南渔民"以槟榔为命。……亲宾往来，非槟榔不为礼。至婚礼媒妁通问之初，絜其槟榔，富者盛以银盒，至女家，非许亲不开盒。但于盒中手占一枚，即为定礼"④。有文字的记载，槟榔至晚出现于汉代，而台湾南部乌头山遗址出土的2500多年前人类骸骨牙齿磨痕中，发现有嚼槟榔的习惯⑤，说明槟榔在中国的种植历史已非常悠久了。马来语中的槟榔与中文读音完全一致。虽然东南亚盛产槟榔，但其名称读音或许是"海人"带过去的。

3. 莫肯人"龙棒"文化与"送船"文化体现龙图腾与禳灾祈福信俗

泰国南部一个名为科西雷的海边村落的莫肯人，每年6月和11月都要举

---

① 罗国安、沈紫娟、胡敏琦、杨晓雅、张德明：《马来班顿体和土生华人班顿体比兴中的自然物象》，载《浙江大学学报（人文社会科学版）》，2012年第42卷第1期，第100—127页。

② 〔印尼〕Halina Sendera Mohd. Yakin, "Cosmology and World-View among the Bajau: The Supernatural Beliefs and Cultural Evolution", *Mediterranean Journal of Social Sciences*, MCSER Publishing Rome-Italy, Vol. 4, No. 9, 2013, pp.184-194.

③ 〔新西兰〕布里恩·G. 佩格勒、陈立贵：《泰国南部的莫肯人村落科西雷》，载《民族译丛》，1982年第3期，第62—64页。

④ 〔明〕唐胄：《正德琼台志（上）》，周伟民主编，海口：海南出版社，2006年，第140期。

⑤ 陈良秋、万玲：《我国引种槟榔时间及其它》，载《中国农村小康科技》，2007年第2期，第48—50页。

行一次"龙棒"魂灵庆典和"送船"仪式。所谓"龙棒"，是祭台两边竖起两根刻有图案的图腾木柱。庆典仪式先是载歌载舞三天三夜，之后，用棕榈木制作一只约一米长的小船模型，村里每户人家按家庭成员数量，各制作一个人形"木偶"放进小船里，再放进与各人有关的物品，如指甲屑和头发等，还有一些小食物之类，然后在阴历十四日，将这只小船送到海上放掉，以使全体村民摆脱厄运。① 这一风俗类似于海南蜑民"放船"及日本海女"草船送年神"②，以及向东南亚迁徙定居的中国海洋族群的"送王船"习俗。"送王船"习俗是以闽人为中心的中国东南沿海海洋族群礼敬海洋、祭祀祖先的禳灾祈福仪式③。2020 年 12 月，由中国和马来西亚联合申报的信俗"送王船——有关人与海洋可持续联系的仪式及相关实践"，成功列入《人类非物质文化遗产代表作名录》。此外，莫肯人家里如果有人患病，他们会向祖先和神灵许愿，病好后还愿。莫肯人在宰杀食用动物之前会先祈求神灵保佑，一方面感谢神灵赐食，另一方面请求神灵不要怪罪。④ 这与我国民间的风俗文化几乎是一致的。

马来雪隆中华大会堂《全国华团文化工作总纲领》中写道："马华文化即是中华文化传播到马来西亚本土后扎根在马来西亚，并在马来西亚的客观环境和生活条件下，经历调整与涵化历程之后发展起来的华族文化。"⑤ 这个观点同样适用于劳特人及其所创造的葫芦文化、竹文化与衍生文化。

（三）南太平洋：波利尼西亚"蜑家佬"海神文化具有显著的蜑家文化"原点"基因

一个奇特的现象是，生活在离中国更遥远的南太平洋的波利尼西亚人，

① 布里恩·G. 佩格勒、陈立贵：《泰国南部的莫肯人村落科西雷》，载《民族译丛》，1982 年第 3 期，第 62—64 页。

② 李相海：《海女文化》，北京：中国华侨出版社，2017 年，第 54 页。

③ 苏文菁、吕漫俐：《海洋文化与海洋族群生产生活方式的关系——以"送王船"信俗为例》，载《闽商文化研究》，2022 年第 2 期，第 49—59 页。

④ 布里恩·G. 佩格勒、陈立贵：《泰国南部的莫肯人村落科西雷》，载《民族译丛》，1982 年第 3 期，第 62—64 页。

⑤ 周伟民、唐玲玲：《中国和马来西亚文化交流史》，海口：海南出版社，2002 年，第 430 页。

其葫芦文化基因的"原点"特征反而更加显著。分析其原因至少有两个：一是波利尼西亚人出发时从原产地中国带走了葫芦种子，并在停留地大量种植，美国葫芦文化研究者道奇的研究也证实了这一观点。二是上古时期，波利尼西亚人误打误撞，漂泊到太平洋中南部的一些孤岛之上，几乎与世隔绝，族群相对单一，受其他文化影响较小，只是在后来与其他南岛民族的人种融合中，文化乃至肤色稍有变化，但文化的母题色彩仍然浓厚。

道奇（Ernest S. Dodge）讲道："没有任何移民能比那些勇敢的航海者（波利尼西亚人）更富于开拓精神，即便是欧洲殖民者在北美洲长达300年的移民浪潮也望尘莫及；这些航海者从东南亚出发，横渡太平洋达9000英里，最后在距离南美洲海岸线2000英里的海岛上定居下来，或许他们也曾到达美洲大陆。……波利尼西亚人具体来自何处已无从知晓。"[①]虽然道奇先生也说不清波利尼西亚人来自哪里，但徐松石等学者的研究，以及我们今天的蜑民文化基因的研究，基本可以揭晓——波利尼西亚人是我们的远亲，他们离开的时候可能要上溯至数千年。

道奇先生在《南太平洋地区的葫芦文化》一书的开篇，完全将读者引入到了中国传统创世神话的情景之中："在欧洲殖民者到来之前，波利尼西亚人或许是这个世界上对葫芦感知度最高的人群。其中，夏威夷人受葫芦的影响尤为强烈，葫芦在其日常生活中的功用不可胜数。夏威夷人的一生都与葫芦有着不解之缘。他们听着一则世代流传的神话长大——天地万物实际上就是一只硕大无比的葫芦，天空是葫芦的上半部分，大地是葫芦的下半部分，而天地之间的各个星球则是葫芦的种子和果肉。"这与中国盘古开天地的传说极为相似。在讲述这个神话故事之后，道奇先生还细致地观察了波利尼西亚人对于葫芦的热爱与功用："他们喝水时用的是葫芦水壶（gourd bottle），吃饭时用的是葫芦碗（gourd bowl），跳舞时要和着葫芦鼓（gourd drum）的节奏，与恋人幽会时会以葫芦哨（gourd whistle）作为暗号……在去世之后，他们的尸骨则会被清洗干净，然后保存在由葫芦制成的骨灰盒里。"[②]

虽然葫芦文化具有世界性，而波利尼西亚的葫芦文化则处处透露出中华

---

① 〔美〕欧内斯特·S. 道奇：《南太平洋地区的葫芦文化》，宋立杰译，北京：社会科学文献出版社，2021年，第9页。

② 〔美〕欧内斯特·S. 道奇：《南太平洋地区的葫芦文化》，宋立杰译，北京：社会科学文献出版社，2021年，第7页。

文化底色。波利尼西亚的起源信仰中，有大洪水葫芦渡人的传说；波利尼西亚人为防止葫芦被邻居偷摘，"给葫芦起上一个祖先的名字，邻居就会望而却步"①，葫芦被赋予了祖先的神力。道奇描写道："我们的一个当地随从每周会两次上山取水，肩上用网子挂着两个呼艾瓦伊（huewai，即葫芦水壶），与中国的蔬菜小贩们所用的水壶颇为相似。"②作者在这里特别点出中国，正是一种暗示。"当地人一般称葫芦水壶为呼艾瓦伊（huewai），有时也称其为伊普瓦伊（ipuwai）。驾驶独木舟出海时携带的一种特殊葫芦水壶被称为欧罗瓦伊（olowai）。沙漏状的葫芦水壶被称作呼艾瓦伊普艾欧（huewai pueo）。"上述这些以 pu、hu 为主音节的发音与汉语及其方言称葫芦为蒲卢、匏瓜、瓠子、瓠瓜、瓢、朴是近似的，特别是 olowai 的发音与海南三亚蜑家人讲葫芦为"欧卢"如出一辙③，wai 只不过是一类物品的语助词，抑或与百越人的胶着语有关。道奇记录的波利尼西亚人"盛放椰子油的葫芦被称为芳鼓（fangu）"④居然与中国南方人所称呼的番瓜、方瓜的发音几乎是一样的，番瓜、方瓜也叫南瓜，英语中，"葫芦属植物是葫芦科植物家族（Cucurbitaceae），是广义上的葫芦，其'兄弟姐妹'包括西葫芦、南瓜、甜瓜、黄瓜等。"⑤葫芦还是波利尼西亚的农禄神（Lono），即农耕之神⑥，巧合的是，他们的农耕之神，居然与中国的农神音是相近的。不光是这个农神音近，波利尼西亚的语言与拉丁语系大相径庭，而与汉藏语系更近似。特别令人惊奇的是，波利尼西亚人的创世神话人物，也是他们"最为突出"的"海

---

① 〔美〕欧内斯特·S. 道奇：《南太平洋地区的葫芦文化》，宋立杰译，北京：社会科学文献出版社，2021 年，第 20 页。

② 〔美〕欧内斯特·S. 道奇：《南太平洋地区的葫芦文化》，宋立杰译，北京：社会科学文献出版社，2021 年，第 27 页。

③ 2022 年 9 月，本人专为比较波利尼西亚人关于"葫芦"的发音与蜑家人有无关联问题，特地访问了海南三亚市南海社区 75 岁蜑民张发结，他的发音便是 olo。

④ 〔美〕欧内斯特·S. 道奇：《南太平洋地区的葫芦文化》，宋立杰译，北京：社会科学文献出版社，2021 年，第 32 页。

⑤ 〔美〕欧内斯特·S. 道奇：《南太平洋地区的葫芦文化》，宋立杰译，北京：社会科学文献出版社，2021 年，第 16 页。

⑥ 〔美〕欧内斯特·S. 道奇：《南太平洋地区的葫芦文化》，宋立杰译，北京：社会科学文献出版社，2021 年，第 19 页。

洋之神"①——Tangaroa，竟是"蜑家佬"的发音，而这不仅仅是我们的认识，波利尼西亚人自己的习俗与深层记忆正是无言的诉说。

凌纯声先生在比较中国与东南亚嚼酒文化时注意到一个关于族群起源的传说，他讲"玻利尼西亚、萨摩亚群岛的传说：Tangalo 自天下降至 Manua 岛"②。此 Tangalo 与 Tangaroa 应是同一名称的不同音译，而 Tangalo 更接近"蜑家佬"。另据凌纯声的研究，玻利尼西亚这个 Tangalo 可能来自台湾排湾族的大神或神祖名 Tagaros，"此与玻利尼西亚的大神 Tangaroa（Ta'aroa，Tanaoa，Tangaloa）可说完全相似，此地不能详述，将来拟作一专题研究之。"③凌先生惜未能继续深入研究，但他的研究资料中已透露了重要信息。东夷百越先来到台湾，包括菲律宾等地，然后继续开拓新航道，逐渐到了南太平洋，乃至南美洲。这也解释了为什么巴瑶等"劳特"人分布于从菲律宾到马来西亚、印度尼西亚、南太平洋的一线海域。

吴水田在《话说蜑民文化》一书中也讲到："作为百越的一支，蜑民最早来到南太平洋的波利尼西亚一带，目前在南太平洋群岛的波利尼西亚人中还流传有赞颂水神'蜑家佬'（TANGAROA）的传说，从一个侧面说明了蜑民语言与南岛语有一定的联系。波利尼西亚地处太平洋中心，海洋环流刚好从这里经过，我国东南沿海蜑民可能顺着海流，从南海经菲律宾后到此上岸，迁移至南太平洋一带。由此说明蜑民迁移的距离之远。"④而东南亚莫肯、巴瑶等一些至今不明国籍的"海人"正处于波利尼西亚人迁徙之海路。中国的海洋先民——蜑民，在一路向南迁徙过程中，并非只"浮家泛宅"于一片海洋，或只奔向一个定居点，必将有一部分人沿路停留，也必将有一部分人会继续探索更远的海洋。

波利尼西亚的葫芦文化还与竹子有关。如他们的一则谜语："一个带盖儿的葫芦，叠着一个带盖儿的葫芦……一直到达天际。"其谜底是"竹子"，

①〔美〕欧内斯特·S. 道奇：《南太平洋地区的葫芦文化》，宋立杰译，北京：社会科学文献出版社，2021年，第13页。

② 凌纯声：《中国边疆民族与环太平洋文化》，台北：联经出版公司，1979年，第882页。

③ 凌纯声：《中国边疆民族与环太平洋文化》，台北：联经出版公司，1979年，第1137页。

④ 吴水田：《话说蜑民文化》，广州：广东经济出版社，2013年，第39页。

因为每一节竹子都有一个盖儿①。这些文化现象更加说明，波利尼西亚人与中国及中国蜑民的关系，也说明了葫芦文化、竹文化是一脉相承，相互转化的。而葫芦文化毕竟是其文化"原点"。

三、从"衍生点"看"原点"：蜑民"文化基因"研究的价值

研究蜑民文化基因"原点"与"衍生点"，一方面为了考察蜑民文化一路南迁的点滴遗痕，一方面也便于回过头来更加全面地认识蜑民文化自身，甚至有助于寻找曾经失落的文化，从而在新的时代得到更好的发展。历史是一条大河，其源头与流经地本应一线穿珠，不能分隔，但也是由于历史的原因，关于这一领域的研究较薄弱，需要加以补上。

（一）中国蜑民与东南亚"海人"存在族源关系

从上文可知，无论从文化基因"原点"还是"衍生点"，以及中外学者的研究来看，东亚的"海女"，东南亚的巴瑶、莫肯、贾昆等"海人"，波利尼西亚的"蜑家佬（Tangaroa）"等海洋民族，与中国古老的蜑民有着高度相似的族源关系，简言之，他们与中国蜑民有着近亲关系。日本"海女"的"江南天子国"，东南亚"海人"的"送船"所往之处、"蜑家佬"海神从天而降的"天"以及葫芦神话和对葫芦的称呼，都指向了母文化或原点文化所在之处。东南亚今天的"海人"群体，也许在长时间历史的变迁中，有着不断的、多元的文化融入，甚至是族群融合，但其深植于其中的主体文化或母体文化，不管怎样变化，仍难掩饰其文化的原乡情结。然而，过去在学术界很少把这些群体与中国蜑民联系起来，甚至在中国古代也称其为"海番""罗越"，视为异族。这是因为他们迁徙时代太久远之故，也证明，"东夷""百越"确是中国乃至世界上最古老的航海民族。今天，我们应当拨开历史的重重迷雾，在海洋世纪到来之际，在"一带一路"风帆正劲之时，非常有必要重新检视蜑民文化的内涵与外延、"核心"与"周边"。通过文化联通，

---

① 〔美〕欧内斯特·S. 道奇：《南太平洋地区的葫芦文化》，宋立杰译，北京：社会科学文献出版社，2021 年，第 86 页。

促进民心相通，带动经济互通、文明互鉴，这也是构建海洋命运共同体和人类命运共同体的源泉和动力。

已有文献与考古表明，中国古代"东夷""百越"，通过中南半岛以及台湾岛和吕宋岛向南洋及南太平洋迁徙。[①] 林惠祥教授在《台湾石器时代遗物的研究》一文中，认为台湾新石器时代人和大陆东南沿海人关系极为密切，是由大陆东南沿海一带渡海、漂流而来。林惠祥教授指出，高山族语言和马来语都是来源于古越族。[②] 既说明台湾的高山族是属于"百越"的一支，也明确指出，是百越族语言影响了马来，而非相反。

菲律宾可谓是"百越"向南洋迁徙的"中间站"。关于菲律宾民族的来源，拜耶教授认为均是从外地移入，他研究总结了七次移民潮，[③] 中国学者认为，其中第五次与第六次更值得注意，因为这两次占菲律宾总人口15%的移民，恰恰是在新石时代后期和金属时代从我国大陆东南和台湾移入的古代"百越"族，菲律宾的语言属于马来-波利尼西亚语系，和古越语一样是属于胶着语，不同于汉语的一字一音，这也从一个侧面说明了波利尼西亚人与中国百越族的渊源。

林惠祥教授在《南洋马来族与华南古民族的关系》一文中，已经指出华南古民族南迁的路线有两条，"第一条是西线，是主要的，由印度支那经苏门答腊爪哇等到菲律宾，其证据是印纹陶和有肩石斧。第二条是东线，是由闽粤沿海到台湾，然后转到菲律宾苏拉威西苏禄婆罗洲，其证据是有段石锛有肩石斧。"[④] 其中已提到我国华南古民族从闽粤沿海到台湾，再由台湾转到菲律宾及南洋群岛等地。

凌纯声教授在研究我国南方的百越民族史时，也提到："经过历史上的三件大事：楚灭越，秦始皇灭楚与开发岭南，与汉武帝灭南越和东越，南方的百越民族遂撤离大陆上的历史舞台，历若干次的迁徙而退居今日的南洋群岛。"并指出他们"即现代南洋群岛印度尼西亚系土著的来源"。[⑤] 这个已将

---

① 陈国强：《从台湾考古发现探讨高山族来源》，载《社会科学战线》，1980年第8期。

② 林惠祥：《台湾石器时代遗物的研究》，载《厦门大学学报》，1955年第4期。

③ H. O. Beyer, *The Earliest people of the philipines*, Manila Bulletin, March 27, 1950.

④ 林惠祥：《南洋马来族与华南古民族的关系》，载《厦门大学学报》，1958年第1期。

⑤ 凌纯声：《南洋土著与中国古代百越民族》，收录于《中国学术史论集》第四册；刘芝田：《菲律宾民族的渊源》第一章。

中国海上人南迁的历史讲清楚了，美国文化学者道奇对波利尼西亚人葫芦文化的研究也证明了这一点。

东南亚海域广泛存在的"巴瑶"（Bajau）这个族群来源何处，在学术界至今仍未有定论，尽管他们自己有一个传说，古代柔佛国的国王让其部下带领一支队伍寻找落难海上的公主，部下因未找到公主而不敢交差，遂率队流落海上。但这个传说并未成为信史，而且，他们这个传说有攀亲之嫌，因为，远亲不如近邻，将历史感拉近一点，有利于他们的生存。马来学者阿里蒙妮尔在其《海上"吉普赛"人的定居》一文中，对"巴瑶"的来源与音变也做了考察，指出"对从口头用语书面的记载中，几乎得不到更多有关巴召（即巴瑶）的起源的线索。在欧洲人始于 1689 年写的一些著作中提及，拼字排列的演变过程是：贝朱（Bengius）—贝迪奥（Beadias）—巴约（Bajooes）。巴召这种提法也在一些记载中被提及，从很久以前当地统治者的管辖时期残留下来的。①"巴瑶"（Bajau）是马来语的音译，似与"百越"的古音有某种相似之处。

中南半岛与菲律宾沿海的"莫肯"（Moken），其来源历史也与"巴瑶"一样，至今仍不清楚。有研究认为，东夷也是南岛语族和"海上人"的重要源头，②黄帝与蚩尤一战，蚩尤九黎失败，往西往南迁徙，与三苗融合，因而，南方蛮民多与因战争南迁至海以迄南洋的古代的苗、傜、僮、蜑、九黎、百越、百濮等部落相关③。在泰国也称莫肯人为潮莱（Chao Lay），"泛指泰国北部阿卡、赫蒙、勉瑶、拉祜、傈僳等等部族的潮豪山民类似。"④这个"潮莱"，与广东潮州是否有关值得研究，因为，历史上的诸多事实表明，东南亚海人或南岛语族多属先秦时期南迁的百越人或东夷人。莫肯人死后，他们把死者生前生活过的船剖开，再合上，做成一个葫芦形棺椁，将死

---

① 阿里蒙妮尔、林锡星：《海上"吉普赛"人的定居》，载《民族译丛》，1985 年第 1 期，第 63—66 页。

② 方礼刚、方未艾：《从甲骨文看蜑民的起源与变迁》，载《海南热带海洋学院学报》，2017 年第 24 卷第 6 期，第 15—23 页。

③ 广东省民族研究所：《广东蜑民社会调查》，广州：中山大学出版社，2001 年，第 458 页。

④ 那鲁蒙·阿鲁诺泰、陈思：《莫肯人的传统知识：一种未蒙承认的自然资源经营保护方式》，载《国际社会科学杂志（中文版）》，2007 年第 1 期，第 146 页。

者装入其中，再抬到土堆上去，意思是死者生前在这条船上生活，死后仍然让他的灵魂在这条船上安息。这与人是从葫芦中生，死后还回葫芦中去的观念一致，与日本海洋民族死后用葫芦瓢"送魂"归去也是异曲同工。至于为何称为莫肯，没有找到出处，而且这个词非来自西语，历史上，越人避秦，大批外逃，诸多史书记载"莫肯为秦虏"，《淮南子·人间训》："以与越人战，杀西呕君译吁宋，而越人皆入丛薄中，与禽兽处，莫肯为秦虏。"是否这批人以"莫肯"为暗语，或作为族群的称呼也未可知。

（二）中国蜑民是世界上最伟大的航海民族

古蜑出自东夷，孕育了东夷民族的山东，"既是中华文明的重要发祥地，又是海洋文化的重要发祥地。"[1]这里所指的海洋文化不只是中国的海洋文化，而是具有世界意义的海洋文化。哲学家黑格尔也承认，"中国古代有着发达的远航"[2]。关于东夷人的航海能力，《诗经》有云："相土烈烈，海外有截。"考古发现，大汶口文化、龙山文化在沿海和岛屿传播的态势足以证明东夷人的航海能力。在夏禹时期，中国的远洋渔业在当世已经很发达。宋人罗泌的《路史》辑录，禹对沿海各地贡品的类别做了规定："东海鱼须鱼目，南海鱼革玑珠大贝。""北海鱼石鱼剑。"[3]殷商时期，"箕子去国"与"殷人东渡"，亦是中国早期的"大航海时代"。中国通过港口活动发展起来的航海文化是世界上最早发展起来的海洋文化的重要构成部分。中国先民很早就实现了海上作业，其航海能力更是达到了世界上最早将自己的文化实现远距离跨海交流的水平。这不但刺激了中国海洋文化向外拓展的要求，而且事实上构成了中国文化对其邻邦的强烈吸引力，同时，中国文化亦同样存在着向外探索与传播的张力。远古蜑民正是在这样的背景下开启了远航迁徙之路，他们从中国东南沿海出发，顺着洋流，到达台湾岛，继而到菲律宾，又穿过菲律宾海或中国南海，再沿马来西亚、印度尼西亚之间的海域继续东

---

[1] 丁再献：《东夷文化与山东》，北京：中国文史出版社，2012年，第292页。
[2] 黑格尔：《历史哲学》，转引自丁再献《东夷文化与山东》，北京：中国文史出版社，2012年，第292页。
[3]〔宋〕罗泌：《路史》，转引自丁再献《东夷文化与山东》，北京：中国文史出版社，2012年，第300页。

行，便到了南太平洋，再继续前行，也许有一部分到了南美。他们一路航行，一路播撒下族类与文化的种子，正因如此，这一线的"海人"文化才有了诸多相似之处，才有了"道奇之叹"："没有任何移民能比那些勇敢的航海者更富于开拓精神。"蜑民——海人，他们是最伟大的航海者，具有与海洋和谐相处的无与伦比的技能，是天然的水手和海战勇士。今天，东南亚海人甚至已进化出了与陆居者不一样的生理器官，比如他们特别的肺、眼睛、胳膊等。

（三）中国蜑民需要向"海人"学习亲海技能

在东亚，如同"石棚文化"和"稻作文化"的传播一样，"蜑"文化同样也是沿着这条线路从中国传播到朝鲜半岛，再从朝鲜半岛传播到日本列岛。

有证据表明，日本"海女"有两千年的历史。日本有文字记载的历史是从奈良时代（710—794 年）开始的。日本最古老的史书分别是《古事记》（712 年）和《日本书纪》（720 年）。《日本书纪》卷第十三记载了关于"蜑人"采珠的事迹。这应是迄今发现的日本历史上较早记录蜑人的史实。现摘录如下：

"十四年秋九月癸丑朔甲子天皇獦（同猎）于淡路嶋（同岛）。时麋鹿、猿、猪，莫莫纷纷，盈于山谷，焱起蝇散，然终日以不获一兽，于是，獦止以更卜矣、嶋神祟之曰：'不得兽者，是我之心也。赤石海底有真珠，其珠祠于我，则悉当得兽。'爰更集处处之白水郎以令探赤石海底，海深不能至底。唯有一海人曰男狭矶，是阿波国长邑之海人也，胜于诸海人。是腰系绳入海底，差顷出之曰：'于海底有大蝮（鲍），其处光也。'诸人皆曰：'嶋神所请之珠，殆有是蝮腹乎。'亦入而探之。爰男狭矶抱大蝮而泛出之，乃息绝而死浪上。既而下绳测海底，六十寻。则割蝮，实真珠有腹中，其大如桃子。乃祠嶋神而獦之，多获兽也。唯悲男狭矶入海死之，则作墓厚葬，其墓犹今存之。"①

上文记载的是公元 425 年秋，日本第十九代允恭天皇在淡路岛狩猎的故事。蜑妇男狭矶为天皇入深海采鲍而身死海中，允恭天皇予以厚葬，其人其

---

① 〔日〕舍人亲王：《日本书纪》，成都：四川人民出版社，2019 年，第 180 页。

事载入国史，"蜑墓""蜑井"至今犹存。故事一方面说明日本列岛蜑民出现的历史悠久，另一方面也说明蜑族与皇室之间较早的合作关系，证明日本列岛上的蜑民是受尊重的一个英雄群体。而且这位"海人"潜水能力十分了得，古代日本一寻约 1.66 米①，男狭矶下潜的深度是六十寻，合 99.6 米，几乎已是现在专业潜水选手所能到达的极限。

在日本具有"诗经"地位的《万叶集》，收录了公元 342 年到 759 年约 420 年之间的诗歌，开篇就收录了舒明天皇（624—641 年）描写蜑民的两句歌词："网浦海女，海水盐煮。"②日本民俗学者田辺悟对《万叶集》中涉及蜑民各类称谓的作品做了一个统计，指出："《万叶集》中有关海人的诗句有 82 首，其中：海人 17 次、白水郎 14 次、安麻 14 次、海末通女 9 次、海部 8 次、安麻乎等女 5 次、海子 3 次。除此之外，还有白郎、阿末、阿麻、安末、海女、海夫、潜女、泉郎等。"③《万叶集》中有关蜑民的称呼有很多，日语发音多称 AMA（あま），音同阿妈，有些日文资料，直接将蜑字注音为あま。

关于日本蜑民的来源，日本学者从古代法律文书中发现了依据。《延喜式》（927 年）是日本平安时代中期的一套律令条文，文中出现作为租税进贡给肥后国（熊本县）和丰后国（大分县）的是耽罗鰒（同鲍）。另外，在日本奈良县平城宫遗址出土的木简中亦记载："志摩国英虞郡名锥乡耽罗鰒六斤。天平 17 年（745 年）9 月。"④从志摩国的耽罗鰒可以推断，早在奈良时代日本与韩国济州岛就有密切的往来。日本作家司马辽太郎针对"耽罗鰒六斤"这个历史证据得出一个结论："自古以来，耽罗的海女就漂渡到日本，从事海上作业，其中一部分变成了日本人，成为我们祖先的一部分。"⑤

---

① 牛军凯：《晚期占婆的港口与政治模式》，载《海洋史研究》，2012 年第 3 辑，第 250—260 页。

②〔日〕佚名：《万叶集》，大伴家持等编，赵乐甡译，南京：译林出版社，2001 年，第 4 页。

③ 李相海：《海女文化：日本海女与中国蜑民的渊源》，北京：中国华侨出版社，2017 年，第 18 页。

④ 李相海：《海女文化：日本海女与中国蜑民的渊源》，北京：中国华侨出版社，2017 年，第 19 页。

⑤ 李相海：《海女文化：日本海女与中国蜑民的渊源》，北京：中国华侨出版社，2017 年，第 19 页。

在东南亚，巴瑶族常年与海洋打交道，练就了高超的潜水和捕鱼技术。比如他们徒手捕捉箱鲀，为了避免被咬到，会将自己的拇指和食指放在箱鲀的眼窝上，一旦鱼眼被蒙上，箱鲀会任游人们带向船边。巴瑶族人是自由潜泳的高手，能潜到六七十米深的海域捕深海鱼，寻找珍珠以及海参。[①]他们看见小鲨鱼甚至十分惊喜，小孩子便一头钻入水中游过去，像迎接老朋友一样，拍拍鲨鱼尾巴，抓住尾巴畅游大海。[②]必须每日潜水的巴瑶族人在幼年就会将耳膜刺破，借以减轻水压带来的痛苦。科学家们利用各种现代设备从巴瑶族人身上得到数据，显示巴瑶族人的脾脏比在陆地生活的人要大50%左右，这让他们在潜水时可以储备更多的含氧血红蛋白。科学家还推测出巴瑶族人可能是15000年前从陆地迁至海洋，逐渐进化出不同于陆地人的身体机能。[③]

一般情况下，人眼如若不戴上护目镜或面具，在水下就看不清楚，且瞳孔会放大。2002年，瑞典隆德大学一位生物学家安娜·吉斯伦来到素林岛，就莫肯儿童水下视力进行一项实验研究，却表明，莫肯儿童在水下不是放大瞳孔，而是收缩瞳孔以看得更清晰，他们的视力要比欧洲儿童强得多，能在水下看清和区分不同的东西[④]。这项研究的意义在于，人类可以为适应环境而有意识地进化身体机能。因而有学者提出，如果让他们"上岸"，他们的这种进化就会中断，那么，到底是让他们继续漂泊为好还是让其陆居为好，便成了一个伦理问题。

此外，莫肯人的造船和航海知识、方位和地点的辨识、季风和洋流的认识，以及对海啸的预感与对海岛森林植物的认识，对环境的高超的适应能力，就地取材的生活能力，对海人文化的原生态保护等，都是值得深入探究。

---

① 不能说的奇趣：《最后一个海洋游牧民族》，载《百科探秘（海底世界）》，2021年第12期，第33—35页。

② 付琦、孟庆然、James Morgan：《"生命起源中心"的海上秘境》，载《人与自然》，2012年第3期，第84—93页。

③ 不能说的奇趣：《最后一个海洋游牧民族》，载《百科探秘（海底世界）》，2021年第12期，第33—35页。

④ 那鲁蒙·阿鲁诺泰、陈思：《莫肯人的传统知识：一种未蒙承认的自然资源经营保护方式》，载《国际社会科学杂志（中文版）》，2007年第1期，第145—157、7—8页。

（四）中国蜑民需要与"海人"加强文化交流

历史与事实表明，至今依然活跃在东南亚、南太平洋海岛、海域的一些被统称为"海人"的巴瑶（Bajau）、莫肯（Moken）、劳特（Laut）、蜑家佬（Tangaroa）等海洋民族，乃至印度尼西亚苏拉威西一些岛屿上的古代海上移民，其中有些群体与中国蜑民有深厚的渊源关系。在讨论蜑民文化保护及蜑民生活与就业话题时，应将蜑民这个群体放在世界海域范围内进行思考和研究。通过民间交流和学术交流的形式，促进蜑民及蜑民文化走出省门国门，也有利于重拾和互补"海上人"传统的海洋生活技艺、技能，甚至有可能找回曾经的失落，比如日、韩"海女"的徒手潜水、海采等。特别是应当保持我国"海人"与东南亚"海人"的联系，这既是对海洋文化话语权的保护，也是对蜑民作为海洋文化桥梁和使者作用的保护。同时，蜑民对外迁徙、开拓，以及参与海上丝路开发和对《更路簿》使用的历史贡献等，更是维护我国海洋权益的重要证据。蜑民文化的保护可以为建设"海洋命运共同体"和开展世界海洋文化对话贡献新的力量。比如组织年度蜑民（英文可以译为海人）文化节，组织蜑民开展与东南亚海人之间的双向交流，学习东南亚原生态的"海人"海洋社区建设等。

（五）中国蜑民文化需要积极申报"海洋非遗"

历史文献、考古发现已表明，东南亚的菲律宾人、马来人、印尼人，甚至波利尼西亚人，与中国的东夷、百越渊源极深。人类学家凌纯声、林惠祥则直接地说明古代东夷、百越就是现代南洋群岛马来西亚、印度尼西亚系土著的来源。而漂洋过海的那部分远古先民，更是早期的蜑民无疑。中国东南沿海至今仍然活跃的蜑民的后裔们，甚至可以说是那支南迁队伍的孑遗，是"东亚地中海"最早的海洋先民，是东亚和东南亚"海人"之源头。那么，对于他们所承载的古老的蜑民文化，更有资格和资源申报"世遗"，但需要我们自己先做出看得见、摸得着的成绩，且必须是文化的恢复，而不是商业的发展或其他。

韩国海女所创造的宗教信仰、巫俗信仰、灵登祭祀、龙蛇崇拜，以及对祖先、石头、树木、山体、风和大海等"万物有灵"的信仰，是济州岛留给世人的看点。2009年，韩国海女"灵登巫仪"正式成为"世遗"项目。令人吃惊的是，研究发现，他们所祭的"灵登神"来自"江南天子国"，而这个"江南天子国"指的就是中国。2016 年 12 月 1 日，韩国济州岛的"海女文化"被列入人类非物质文化遗产名录，使得海女文化的保护与传承有了机制保障。因此，我们也要加强与他国的交流与合作，学习别人的先进经验，从国际视域看待我国的蜑民文化与海洋文化。

四、总结

习近平关于"文化基因"的论述为我们的研究指明了具体的方向。习近平讲："中国优秀传统思想文化体现着中华民族世世代代在生产生活中形成和传承的世界观、人生观、价值观、审美观等，其中最核心的内容已经成为中华民族最基本的文化基因，是中华民族和中国人民在修齐治平、尊时守位、知常达变、开物成务、建功立业过程中逐渐形成的有别于其他民族的独特标识。"[①]

从周边看中心，我们会发现，我们对自身文化基因的认识的确不全面，原来我们的文化基因比我们想象的要强大得多。我们的文化基因也极大地影响到了世界，比如中华海洋文化与海洋文明。而长期以来，以西方为主的学术界却存在一种偏见，黑格尔曾经说过，"中国就是一个例子。在他们看来，海洋只是陆地的中断，陆地的天限；他们和海洋不发生积极的关系。"[②]美国出版的一本《世界通史》中，也武断地下结论，"古代的中国人，不习于航海。"[③]美国汉学家费正清也认为中华文明是一种有别于开放性海洋文明的内向型大陆文明，是一种充满调和与折中精神的、停滞的农业和官僚政治文明[④]。这些观点不独西方人，对国家民族爱之深切的梁启超先生比较晚清时期中日的差距，认为其原因是陆地国家与海洋国家之差别，"同为黄种，

---

① 习近平：《从延续民族文化血脉中开拓前进　推进各种文明交流交融互学互鉴》，发表日期 2014-09-24，引用日期 2022-10-24，网址http://www.xinhuanet.com/politics/2014-09/24/c_1112608581.htm。

② 〔德〕黑格尔：《历史哲学》，王造时译，上海：上海书店出版社，2006 年，第84页。

③ 何志标：《〈中国造船通史〉的学术内涵与文化价值》，载《武汉理工大学学报（社会科学版）》，2014 年第 27 卷第 6 期，第 1159—1164 页。

④ 〔美〕费正清：《剑桥中国晚清史》，北京：中国社会出版社，1993 年，第 25 页。

而中国人与日本人风气攸殊；皆海之为之也。"①随着中国国力的不断增强，相信以海洋文化为代表的古老中华文明的光芒将愈加璀璨。

凌纯声指出，以夷越文化为代表的海洋文化构成中国最古老的基层文化，"今之南海群岛的马来或称印度尼西亚民族，尚保存了大部分固有的南夷或百越的语言和文化。"②丁再献的东夷研究也表明，"东夷文化不仅为中华民族文化的发展作出了十分重大的贡献，而且对世界民族文化的发展也产生了深远影响。"③蜑民及东南亚劳特人、南太平洋波利尼西亚人等海洋群体和他们创造的文化，是研究中华海洋文明的活化石。中国有五千年的可考历史，尽管经历了长达千年的"海禁"，但从来没有与海洋断绝联系，古蜑以及今天的蜑民功不可没。

道奇先生关于葫芦文化研究中的一段话，可以让我们感受到"蜑民-海人"身上所体现的中华海洋文明在对外传播过程中的温度与光芒，那是中华海洋文明的本来面目："这些强健的航海者最令人惊叹的成就，就是他们驾驶这些体量庞大的独木舟成功地到达了目的地。这一成就之所以能够实现，是与其高超的航海技术和丰富的航海知识密不可分的。虽然没有指南针或其他导航仪器，但是他们熟悉行星的运行规律、星星的运动轨迹、星座的出现季节、月亮的变化规律以及太阳在赤道南北的位置变化。利用这些天象知识，加上战胜狂风大浪的丰富经验，他们一次又一次平安地到达了目的地。这些充满智慧的原始先民完成了如此壮举，因而他们的名字屡屡出现在后来的航海传说或故事中，并一代代地口头流传下去。"④道奇所讲的这个名字正是指波利尼西亚人称为"海洋之神"的蜑家佬（Tankolao）。

族群身份的认同与塑造，深受政治身份影响。通过周边国家蜑民文化基因分析与共享，突破了这种界限，有利于不断建构与培育中华海洋文化共同体，也有利于为铸牢中华民族共同体意识提供更多的精神基石。同时，通过

① 梁启超：《梁启超全集·地理与文明之关系》，北京：北京出版社，1999年，第944页。

② 凌纯声：《中国边疆民族与环太平洋文化》，台北：联经出版公司，1979年，第344页。

③ 丁再献：《东夷文化与山东》，北京：中国文史出版社，2012年，第96页。

④〔美〕欧内斯特·S.道奇：《南太平洋地区的葫芦文化》，宋立杰译，北京：社会科学文献出版社，2021年，第11页。

文化基因分析的视角，从周边看中心，可以看到更加全面和多彩的中华民族，也可以看到超越中华民族的，包括世界蜑民（海人）文化在内的多彩的中华文化，为中华文化共同体、海洋命运共同体和人类命运共同体的继续建构拓展了空间。

略论海南岛各民族历史上的交往交流与交融

——中华民族共同体意识在海南岛形成的基础

王献军[①]

【内容提要】海南岛是一个多民族聚居的地区，有黎族、汉族、回族和苗族四个世居民族。这四个世居民族，在漫长的历史发展过程中不断地进行交往交流交融，导致他们在政治上、经济上、文化上以至血脉上都产生了一些共性元素，这些共性元素正是中华民族共同体意识在海南岛形成的基础所在。本文从政治上的通力合作、经济上的频繁往来、文化上的广泛交流、血脉上的相互融合这四个方面论述了中华民族共同体意识在海南岛形成的基础。

【关键词】海南岛；各民族；交往交流交融；中华民族共同体意识

铸牢中华民族共同体意识是习近平总书记对党的民族理论的创新发展，是马克思主义民族理论中国化的最新成果。但中华民族共同体意识的形成并不是一蹴而就的，它是在中国境内生活的各民族在历史发展的交往交流交融进程中，由于诸多共同性要素的产生而逐渐形成的。海南岛是一个多民族聚居的地区，有黎族、汉族、回族和苗族四个世居民族。黎族先民大约在一万年以前就已经来到了海南岛；秦汉时期，随着中央政权对海南的掌控，汉族人开始踏上了海南岛这片热土；宋元时期，回族的先民从东南亚的中南半岛登陆海南；到了明代，苗族人横渡琼州海峡，从大陆进入海南。这四个世居民族，由于在分布上有杂居在一起或相邻而居的情况，时间一长，各方自然就会发生各种各样的关系，在政治、经济、文化以至血脉方面都产生了一些共性元素，这些共性元素正是中华民族共同体意识在海南形成的基础所在。

---

① 作者简介：王献军，海南师范大学历史文化学院教授。

一、政治上通力合作

在海南岛古代的历史上，黎、汉两族人民为了争取生存权利，曾多次联合行动、通力合作，以反抗封建统治阶级的剥削压迫以及打击海寇的骚扰。到了近现代，海南岛上居住的黎、汉、苗、回各族人民，更是为了反抗国民党政权的残暴统治和日寇的侵略而联合起来进行了英勇的斗争。海南岛各民族长久以来在政治上的通力合作，为中华民族共同体意识在海南的形成奠定了政治基础。

（一）反抗封建、军阀统治及抵御海贼

1. 联合举行农民起义

宋咸淳三年（1267 年），汉人陈公发、陈明甫聚众造反，据崖州临川镇，并在沿海潮、惠、广、钦、廉、雷、化诸州活动。黎人积极响应，"咸淳六年春，琼黎犯边，以钦守马成旺征之。成旺与子抚机间关数十战，恢扩省地。乃命抚机专管截黎出入，诸峒始不敢肆"。①

元天历（1328 年）初，琼山的黎族人以汉族流亡者为向导，不时出击元朝的海南地方政府。琼山主簿谭汝楫为了对抗起义的黎、汉民众，敛集了乡兵 5000 人，又征调地方军队 15000 人，进行了镇压。

明正德七年（1512 年），万州黎人郑那忠发动起义，得到了当地汉族军民、奴囚的支持，他们加入了起义队伍，为起义出谋划策，使起义队伍日益壮大。

清光绪十一年（1885 年）冬，临高、儋州一带大旱，汉族中的客家人黄邹强等聚集两千多饥民举行武装起义，以临高之和舍、南丰，儋州之洛基、那大等为据点，得到万州、乐会、陵水、崖州等地黎、汉群众的热烈响应。他们在黎族王打文、王高山、胡那肥和汉族陈钟明、陈忠清、郑显昌等人的领导下，与黄邹强南北呼应，声势大振，先后攻下定安县之南间、仙沟、雷鸣和澄迈县之新吴，并迫近该二县县城。清廷大为震动，两广总督张之洞急电钦廉防务提督冯子材提兵前往镇压。两族起义军在今琼中之喇仓

①〔清〕明谊修、张岳崧纂：《道光琼州府志》卷二十二《海黎志平黎》，海口：海南出版社，2006 年，第 904 页。

隘、什密村和陵水之廖二弓、马岭等地与清军激战。最后由于敌我众寡悬殊，坚持一年多的黎、汉起义终于失败。

2. 合力抵御海寇海贼

海南岛四面环海，时有海贼为患，明朝时，黎、汉两族曾同心合力共同抵御了海贼，捍卫了自己的家园。

嘉靖三十三年（1554年），海贼何亚八等"寇临高之马袅、新安、博铺、黄龙等诸港，知县陈址率乡兵、黎兵激战，贼败溺死，夺回被掳人口。贼望风远遁"。[①]

嘉靖四十三年（1564年），海贼抢掠文昌县铺前港，"指挥高卓召番众及土舍王绍麟统黎兵合战。贼佯北，诱黎陷伏，矢尽，有死者"，在此千钧一发之际，高卓舍身"单骑杀入重围救黎"，[②]使黎兵转危为安，场面至为感人。

又据《道光琼州府志》记载，明代儋州七方峒的黎族首领符田昭在一次海贼入寇儋州的事件中，为了保护当地黎汉百姓的利益，"率兵御之，斩首数级。值贼兵一伙自他处突至，前后犄角，田昭矢尽，力穷遂死"。儋州的黎、汉民众为了深切悼念这位民族英雄，纷纷撰文以表彰他的功绩。[③]

3. 共同反对军阀统治

1912—1926年，统治海南的主要是大大小小的各路军阀，先后有龙济光、沈鸿英、邓本殷等，他们实行的是"暴恶政治"，给海南人民带来了巨大的灾难，激起了海南各界人民的激烈反抗。革命党人陈侠农、陈继虞先后在海南组建了由汉族、黎族民众组成的琼崖讨袁民军、讨龙民军，他们在广大汉族、黎族群众的热烈拥护和积极参与下，与各路军阀的部队展开了英勇的斗争，沉重打击了各路军阀在海南的势力。

---

① 朱为潮、徐淦等主修，李熙、王国宪总纂：《民国琼山县志》卷二十八《杂志志二·遗事》，海口：海南出版社，2004年，第1858页。

②〔明〕戴熹、欧阳灿总裁，蔡光前等纂修：《万历琼州府志》卷八《海黎志·海寇》，海口：海南出版社，2003年，第286页。

③〔清〕明谊修、张岳崧纂：《道光琼州府志》卷三十五《人物志》，海口：海南出版社，2006年，第1527页。

4. 开展农民运动及创建苏维埃政府

1926 年中共琼崖地委成立后，琼崖的国民革命运动得到了空前的发展，表现之一就是农民运动如火如荼地开展起来。在中共领导下，海口、琼山、文昌、澄迈、陵水、昌江、崖县等十余个市县先后建立了农民协会。农民协会带领广大农民在全琼农村普遍开展了减租、减税，废除苛捐杂税，批斗地主恶霸、土豪劣绅，建立农民武装、宣传革命道理等各项斗争。

琼崖农民运动的开展，既有北部、东部的汉族地区，也有南部、西部的黎族地区，黎族革命群众和汉族革命群众一道，积极踊跃地参加农民运动，与封建势力、反革命势力进行斗争。而在领导农民运动的中共领导人中，既有汉族人，也有黄振士这样的黎族革命人士，他们齐心协力共同将琼崖的农民运动推向了高潮。而在陵水、崖县和昌江这样的黎族地区，其实并不纯粹住的是黎族人，还居住着大量的汉族人，属于黎族、汉族杂居的地区。这三个地区开展的农民运动，都是既有汉族人参加，也有黎族人参加。在轰轰烈烈的各项农民反封建、反恶霸的斗争中，我们看到的往往是黎族人民和汉族人民紧密地团结在一起，互相支持、互相帮助。

1927 年 4 月 12 日，蒋介石在上海发动了反革命政变，4 月 22 日，国民党琼崖当局也举起了屠刀，杀害中共琼崖地方各级领导人及革命群众。5 月底，中共广东省委派杨善集回琼，组织武装，开展武装斗争，举行全琼总暴动，打击琼崖国民党反动势力。1927 年 11 月，中共琼崖特委召开会议，根据上级的指示，决定进一步扩大武装暴动，开展土地革命，建立苏维埃政府。此后，在海南各地，一个个苏维埃政府相继建立。到了 1931 年底，全琼一共成立了 6 个县级苏维埃政府、34 个区级苏维埃政府、251 个乡级苏维埃政府。

在这二百余个苏维埃政府中，在黎族地区建立的有陵水县苏维埃政府、崖三区苏维埃政府、加峒苏维埃政府和七里乡苏维埃政府，建立在黎苗共同居住地区的苏维埃政权主要有太平峒苏维埃政权、琼桂乡苏维埃政权和新富乡苏维埃政权。这些在海南少数民族地区建立的苏维埃政府，并不只是某一个民族的功绩，而都是由黎族、汉族或苗族人民共同创建的，从每一个苏维埃政府的酝酿、初创，到建立后开展工作，再到保卫苏维埃政府，几乎都是由多个民族人民合力完成的。其中特别值得一提的是陵水县苏维埃政府，它是我国第一个少数民族参与创立、参与执政的红色政权，政权中的一大批骨干和领导人都是黎族人士，如黄振士、黄其祥、谢是位、吴中育、黄家连、马大雄、李家全等，他们都为陵水县苏维埃政府的创立和建设做出了贡献。陵水县苏维埃政府的成立，开创了中国共产党领导汉族和少数民族共同奋斗、建立苏维埃革命政权的光辉历史。

（二）投身抗日战争及解放战争

1. 同仇敌忾与日寇浴血战斗

1939年2月，日军侵入海南，并迅速攻占了包括崖县、陵水、保亭、昌江、感恩、乐东、白沙在内的广大地区，给当地的各族人民带来了空前的灾难。面对日寇的侵略，广大黎族人民与汉族人民一道，拿起武器，组织武器在中国共产党的领导下开展了各种形式的抗日斗争。如在昌江县的红水沟、万宁县的茄槽乡、崖县的仲田岭、昌江县的才地乡和太坡乡、白沙县的七坊乡和光雅乡、乐东县的黑眉村，都成立了黎族同胞参加的多种抗日武装，在中共的领导下展开对敌斗争。面对日军的进攻，黎族的抗日武装往往和汉族人民一道并肩作战，利用熟悉地形的优势英勇地加以伏击和反攻，给敌人带来了一定程度的伤亡，打击了日军的嚣张气焰，鼓舞了人民的斗志，振奋了抗日军民的必胜信心。

2. 联合举行白沙起义反抗国民党暴政

1943年8月，在五指山地区黎族、苗族聚居的白沙县爆发了一场震惊全国的白沙起义。白沙起义的领导人之一是黎族首领王国兴，起义的主要力量也是黎族革命群众，但是作为黎族亲如兄弟的邻居、与黎族人休戚相关的苗族人民，自始至终都积极参与了白沙起义。

白沙起义的爆发，有一个长时间的准备阶段。白沙起义的领导人王国兴等人认识到，要对付人数众多的国民党正规部队，单靠黎族人民是不够的，必须要联合五指山地区的苗族人民共举义旗，才能壮大起义队伍的力量。"1943年春节前后，王国兴在德伦山和什千山召开了两次各乡首领参加的会议。苗族首领邓明仁参加了会议。王国兴致信南茂、中平、加略的苗族，请苗族一起共举反抗国民党残暴统治的义旗。南茂、中平、加略的苗族，接到王国兴的信后，认为反抗国民党的时机已到。苗族黎运贵、盘启积等 30 多位苗人首领在南茂村聚会商议，盘启积主持会议，宣读了黎族首领王国兴联络苗人参加白沙起义的两封信。与会者义愤填膺，共推黎运贵、马朝贤、盘文喜为军事指挥，决定组织苗军参加白沙起义，攻打国民党顽军。"[1]

起义爆发后，苗族人民同黎族人民一道，积极参加了起义，进攻白沙县的国民党驻军。在起义队伍的攻击下，当时驻在什空苗村的国民党白沙县中队指挥唐德厚来不及反抗，便带领县中队的十几名士兵逃到附近的南坑岭躲藏了起来。这一情况被当地村民发现，立即报告给了苗族起义首领马亚明，马亚明于是带领附近三个村的 50 多名黎苗起义群众向南坑岭发起了围攻，全歼了 10 多个国民党官兵。

3. 勠力同心推翻国民党在琼统治

1946 年 2 月，盘踞在海南岛的国民党顽固派悍然出动大批军队进攻白沙革命根据地，大规模的国共内战在海南爆发。广大黎族、苗族、回族人民坚决支持和参与对国民党军队的反击，在共产党的领导下，与汉族人民一起，配合琼崖纵队，与国民党顽固派进行坚决的斗争。

1946 年底，中共琼崖特委根据党中央的指示，决定集中全力歼灭盘踞在五指山区的敌人，依托当地的黎、苗群众，建立包括白沙、保亭和乐东三县在内的五指山革命根据地。1948 年 6 月，五指山革命根据地建成，使琼崖纵队有了广大的后方基地，有了比较充裕的人力、物力补给。在建设根据地的过程中，中共党组织吸收了一批在斗争中锻炼出来的黎族先进分子入党，培养了一批黎族干部和积极分子。为了响应党的号召，争取海南岛的全面解放，整个琼崖解放区掀起参军高潮，仅在 1948 年一年之内，就有 4000 多名黎族和苗族青年参加了琼崖纵队，使得这支原来主要由汉族战士组成的部队变成了一支由汉族和相当数量的少数民族战士共同组成的部队。此外，在解放战争中，广大的少数民族民兵也发挥了很大的作用，他们积极配合琼崖纵队作战，组织担架队、运输队，跟随部队转战海南各地。另外，1950 年初，解放大军数万人占领了雷州半岛，准备渡海解放海南。为了配合和接应大军渡海，黎、汉、苗等族人

---

① 海南省民族宗教事务厅编：《海南苗族》，海口：海南出版社，1997 年，第 53 页。

民在党的领导下团结一致,展开了热火朝天的支前运动,纷纷征集粮食、组织民工、报名参军。1950年4月,解放大军渡海登陆,向国民党军队发起进攻,迅速将敌击溃并开始追击残敌。在这个过程中,黎族、苗族民兵、民工与汉族民兵、民工一起,长途跋涉,追随大军前进,为大军提供粮食、运送伤员,为推翻国民党政权在海南的统治、赢得海南的彻底解放做出了巨大的贡献。

此外,在琼崖革命的战争史上,海南回族人民也做出了自己的贡献。三亚市政协文史资料委员会所编的《三亚文史(第二十辑)》一书中记载了琼崖纵队的五位海南回族勇士,即蒲训典、高振雄、哈元兰、蒲树宝、杨启武。书中说:"这五位在战争年代出生入死,参加了数不清的战斗,在琼崖革命战争史上作出了不可磨灭的贡献。新中国成立后,蒲训典被党组织派回家乡担任羊栏区首任副区长负责全面工作;高振雄担任了回辉乡乡长;杨启武在部队任连长,后转业任崖县羊栏供销社主任。蒲树宝、哈元兰在部队先后担任了连长。"[①]

4. 拥护支持琼崖少数民族自治区的创建

1946年底,中共琼崖特委遵照党中央的指示,决定集中力量开辟包括白沙、保亭、乐东在内的五指山根据地。

在保亭、白沙、乐东三县境内,居住着大量的黎苗群众。琼崖党组织和琼崖纵队在开辟五指山根据地的过程中,一方面从军事上打击敌人,一方面开展解放区的各项建设工作,特别是土地改革和民主建政工作。随着土地改革的胜利开展和各级革命政权的建立,党在当地的黎族、苗族中吸收了一大批黎、苗区乡干部和积极分子,进行革命理论和民族政策的学习,使他们能够担负起各级民主政权的管理工作。在各级民主政权的巩固和民族干部队伍迅速成长的基础上,1949年3月12日在五指山根据地的毛栈乡宣告成立琼崖少数民族自治区行政委员会。这个委员会的主任是陈克文,副主任是王国兴(黎族)、陈斯德(苗族)。琼崖少数民族自治区直辖白沙、保亭、乐东三个县。琼崖少数民族自治区的创建,一方面应当归功于中共民族政策的英

---

① 三亚市政协文史资料委员会编:《三亚文史(第二十辑)·海南回族》,2011年内部印刷本,第56页。

明，另一方面也是与五指山地区广大黎苗群众的大力支持分不开的。可以说如果没有黎苗群众，尤其是他们中的领袖人物的拥护和支持，那么琼崖少数民族自治区要想创建是不可能的。也正是在五指山地区广大黎苗群众的衷心拥护和大力支持下，琼崖少数民族自治区才得以建立，琼崖少数民族自治区行政委员会才得以正常运转。

二、经济上频繁往来

自古以来，海南岛上各民族之间就存在着经济往来，无论是在汉族与黎族之间、汉族与苗族之间，还是黎族与苗族之间、黎族与回族之间，都存在着频繁的经济往来。这种经济上的频繁往来关系，增强了双方的依存度，促进了互相之间的了解，加深了民族之间的感情，为中华民族共同体意识在海南的形成奠定了坚实的物质基础。

（一）汉族与黎族之间的经济往来

海南岛上黎族与汉族之间的经济往来古已有之，而且非常频繁，宋代以来的汉文资料中就持续不断地对这种经济往来加以了记载，而且越是往后，这种往来就越是频繁，往来的面也越广，内涵也更加丰富。到了民国时期，我们发现，黎汉之间的经济往来比以往任何一个朝代都更为密切、更为多样。

黎汉之间的经济往来是多方面的，有贸易关系、借贷关系、土地租赁关系、雇佣关系、典当关系等多个方面，而其中最为主要的是贸易关系。海南岛的黎族与汉族之间，自从有史料记载以来，我们发现就有着频繁的、持久的、全面的、密切的贸易关系。而之所以有这样的贸易关系，主要原因在于黎汉双方经济发展水平之间的差异和双方的需要。黎族社会长期以来一直停留在一个经济比较落后的状态，只能生产出基本的农产品和简单的手工业品，大部分所需的日常生产、生活用品都需要通过贸易从经济相对发达的汉族地区获得；而汉族社会，也需要黎族地区出产的土特产，因为这些黎族地区出产的土特产，有的是汉族地区生产不出来的，有的是汉族地区虽然也能生产，但是质量却远不如黎族地区土特产质量高。因此我们发现，在长期的社会历史发展过程中，黎汉双方均渴求对方的商品，黎汉之间的贸易关系具有强烈的互补性，而正是这种互补性导致了黎汉之间贸易的频繁、持久、全面与密切。

1. 贸易类型

黎汉之间的贸易类型大致可以分为以下三种：

（1）集市贸易。集市贸易是黎汉之间比较普遍的贸易类型，也即市场贸易。这种贸易类型，古已有之。宋代，黎汉贸易多在汉区的集市进行，史料记载："熟黎能汉语，变服入州县墟市，日晚鸣角，结队而归。"① 到了明代，黎峒开始出现集市，据《海槎余录》载，"黎村贸易处，近城则曰市场，在乡则曰墟场，又曰集场，每三日早晚会集物资"。② 万历二十七年（1599年），统治当局在平定琼山县居林、居碌、沙湾等峒黎族起义后，于其中心地带水蕉村"立墟市以通贸易"。入清之后，黎汉互市贸易又有了进一步发展，黎区内的集市已遍及黎区各地。民国时期，黎汉贸易的市场大体上是在三个地区：一个是靠近黎族地区或黎族地区的县城，如万宁县城、儋县县城、昌感县城、保亭县城；一个是黎汉交界处，如从北部进入黎族地区的必经之路岭门市、从西部进入黎族地区的必经之路南丰市等；一个是在黎族聚居区内，如什运市、牙叉市、加茂市等。集市贸易的规模较大，不但交易货物的品种丰富，而且交易量也大。

（2）汉族行商游走黎族地区。"行商"即"行脚小商人"，长年游走于各个黎村，肩挑着黎族人所需要的货物，深入黎族地区，与黎族人进行小额的以物易物的交易，深受黎族百姓的欢迎，又称"行客""客商"。"行商"的出现多半是因为集市和黎村的距离太远，黎人赶集不方便，需要这种行脚小商人来加以补充。这种汉族行商进入黎族地区进行贸易的贸易类型古已有之，到了民国时期非常普遍，在个别非常偏远的黎村甚至可能只有这一种与汉族进行贸易的形式。

（3）汉族坐商长住黎村。汉族商人进入黎族地区，起初都是"行商"，

---

① 〔宋〕范成大撰、严沛校注：《桂海虞衡志校注》，南宁：广西人民出版社，1986年，第170页。
② 转引自王兴瑞：《清代海南岛的汉黎贸易》，载《社会科学论丛》（季刊），1937年第3卷第2期。

游走于各个黎村，一开始均是流动的、不定期的，逐渐发展到定期的，最后一些商人在黎村定居下来，成为"坐商"，又称"客商"。

汉商长住黎村，近代已有，如在 19 世纪 80 年代，美国传教士香便文在海南岛考察时发现，在他路过的几乎每一个黎村，都能看到两三个汉人"坐商"做黎货代理人。到了民国时期，汉族坐商更是遍布黎村，尤其是一些大的黎村，更是如此。

2. 贸易的物品

黎族人主要是和汉族人进行贸易，这是因为汉族社会能够生产出他们生产不出来的而其日常的生产生活又非常需要的物品。作为交换，他们向汉族人提供的交易物品是他们生产的农副产品、手工业品以及猎获物，这些东西往往都是汉族人需要又不易获得的东西。

黎汉之间贸易的物品，史料上多有记载，但非常零散，而且各个朝代不尽相同，综合起来说，黎族人向汉族人提供的物品，主要是沉香、槟榔、黎锦、藤条、麻皮、药材、兽皮和各种名贵的木材；而汉族人向黎族提供的物品，则主要是盐、铁、鱼、布帛以及枪械火药之类的东西。20 世纪 40 年代，日本学者尾高邦雄曾对原属乐东县重合盆地的黎族地区进行过调查，他详细记载了那个时代当地黎族与汉族之间交易的物品，颇具有代表性。这些物品分别是：

"汉族交换给黎族的物品：农具（铁质部分）、猎枪、火药、制作子弹用的铅版、箭头、锤、鱼钩、天蚕丝（用来钓鱼）、针、彩线、丝线、布料、铁制的纺锤、纽扣、剪子、凿子、小铲子、畜刀、铜锣、线香、汉式衣服、裤子、毛毯、蚊帐、毛巾、头巾、汉式斗笠、耳环、手镯、剃刀、鞋、袜子、烟盒、火柴、涂了釉子的陶器（碗、盆、酒坛等）、铁锅、盐、砂糖、点心等。

黎族交换给汉族的商品：稻种、薯类、豆、牛、猪、鸡、鹿皮、鹿角、鹿鞭、猴、猫头鹰、甲鱼、蜂蜜、木材、药草等。"[1]

---

[1] 〔日〕冈田谦、尾高邦雄著，金山等译：《黎族三峒调查》，北京：民族出版社，2009 年，第 218 页。

3. 贸易方式

自古至今，汉黎的贸易方式不外乎有三种，一种是物物交换，一种是使用实物货币——牛，一种是使用金属货币乃至钞币。在三种贸易方式中，以物物交换最为普遍，特别是与游走于黎族地区的行商和长住于黎村的坐商进行贸易时，基本上都是物物交换，较少使用货币。牛之所以能在汉黎贸易中当作实物货币使用，是因为从前黎族社会养牛的现象非常普遍，而且饲养牛只的规模非常大。在新中国成立之前的黎族社会中，一家饲养上几十头甚至几百头牛的现象并不罕见，于是社会上普遍以牛只作为财富的象征或计算单位。随着社会的发展，尤其是到了民国的后期，货币的使用才逐渐增多。

（二）汉族与苗族之间的经济往来

苗族自从登陆海南以来，一直居住在海南的深山峻岭之中。其经济来源，主要靠种植山栏稻和狩猎。苗族的土地，主要是租来的山地，绝大多数用来种植山栏稻，其生产工具主要是钩刀、锄头、斧子、镰刀等铁质工具和用于戳穴点种山栏稻的木质棒（个别头部镶有铁嘴）。所有铁质工具均从汉区购买。副业活动有饲养家畜、栽种瓜果、采集山货（如红白藤、木耳等）、狩猎和打鱼等。苗族居住的深山，禽兽种类繁多，因此打猎成了苗族的主要副业。打猎的主要武器是火药枪，由汉商输入。狩猎产品有鹿茸、鹿皮、猿皮等，苗族将其直接卖给汉商或拿到市场上用以交换生活的必需品。苗区藤、竹资源丰富，因此藤、竹器等手工制品较多，品种有箩、筐、箕、筛等，他们除供自用之外，常以此类产品和汉族交换谷物，以弥补粮食之不足。

在新中国成立之前，苗族常年过着迁徙不定的游耕生活，居住分散，人口较少，生产力水平低下，他们和汉族之间的主要经济往来就是双方开展的交易活动。据调查资料显示，苗、汉之间的产品交易大致有以下几种方式：

一是汉族货郎挑着货物巡回于各苗寨之间，兜售食盐、布匹、铁质农具及其他小商品；同时收购苗山土特产。这是最常见的交换方式。

二是苗族不定期长途跋涉到汉区墟市进行买卖。由于苗族向居深山，离汉区墟镇甚远，近则数十里，远则上百里，趁墟赶集殊为不便。因此，这种交易活动往往是在缺少生产生活的必需品而附近墟镇又无法解决的情况下才偶一为之，每月至多不超过两次。

三是汉族商人直接到苗区开设店铺，俗称坐商。他们售卖汉族产品，兼营收购当地的土特产品，如红白藤、木耳、鹿茸和木材等。这些店铺为汉、苗产品的交换起到了积极的作用。

此外，也有个别家境富裕的苗族人，购买一两座出产木材和藤料的山岭，雇用长工，常年住在山上，伐木采藤，同时养牛若干，用于运输，将木材、山藤等运到汉区出售，获利颇丰。

苗、汉在经济上有着不可分割的相互依赖的关系，正是由于有了这种相互依赖的关系，才使得苗族在入居海南岛之后的漫长岁月中，能够维持正常的生产和生活，并得以生息繁衍。

（三）黎族与苗族之间的经济往来

黎族的祖先很早就踏上了海南这片土地，而苗族则是在明朝时进入海南的，其主体是来自广西的苗兵，他们在大陆时是以山居为主，大多过着"刀耕火种"的游耕生活，"食尽一山，则移一山"就是当时他们的生产方式。在古代，一个民族的生产方式一旦形成并延续了数百年乃至上千年之后，往往是难以改变的。所以这些来自广西的苗兵到达海南之后，依然维持其原有的刀耕火种的生产方式，而这种方式的前提是需要有山，因而他们一头扎进高山大岭之中，一代一代地过起了"刀耕火种"的垦山游耕生活。

但是，海南苗族所开垦的山岭，并不是他们自己的。因为海南的山虽多，但到了明代，基本上都是有主人的，这个主人是早就来到海南当地的黎族人，所以苗族人要使用山岭，开垦山岭，就必须要向当地的黎族人去租，租来之后才可以"刀耕火种"，才可以狩猎，才可以采集。因此，从明代以来，海南的苗族主要靠的是租佃附近黎族人的土地为生，所以与黎族在经济上产生了密切的往来关系，因而土地租佃成为黎苗之间最主要的经济往来形式。

据调查资料显示，从前苗族向黎族人租山有两种形式：

一种是直接从黎族山主手中租来土地。苗族人租山，一般不是个人行为，往往是全村人共同出资以集体的名义向黎族山主租山。通常情况下，代表全村苗族人去向黎族山主交涉租山事宜的是苗族的"山甲"。"山甲"意译为"村老",即一村之长的意思。山甲先向黎族山主提出租山请求,山主同意后,双方即开始商定租山的租金和租期。租金和租期商量好后,一定要签订契约,契约上写明山名、租金和租期。

一种是间接地从黎族山主手中租来土地。这种形式是黎族山主不直接将山岭租给苗族人,而是先将其批给"批主",再由批主转租给苗族人耕种,中间多了一道手续。在这种情况下,土地所有权仍属于黎族山主,租金由黎族山主和"批主"共同享有,而山中的出产都属批主所有,由批主收买,承租的苗族人不许将出产卖给别人,这些出产包括木材、土特产以及山中的猎获物等。在多数情况下,"批主"都是汉族人。

(四)黎族与回族之间的经济往来

海南回族主要居住在今天三亚市凤凰镇的回辉、回新两村,长期以来一直从事的是近海捕鱼业,不种庄稼,主食主要是靠用捕捞的鱼来与外族换取。居住在回族村落周边的黎族,无论是住在山区,还是住在海边,从事的都是农耕经济,主要种植水稻、山栏稻、玉米、番薯等农作物,同时也会饲养牛、羊、鸡、鸭等牲畜。在黎族人所居住的山区,物产尤其丰富,出产木材、竹子、红藤、白藤、麻以及茅草等。

据笔者的田野调查,在新中国成立以前,海南回族人主要从事的是浅海捕捞业,他们出海捕捞上来的鱼类,除了一小部分用于自己的日常食用,大部分则出售给黎族人,以换取大米等生活必需品。这是由于周边的黎族人不进行海洋鱼类捕捞,他们需要的海产品尤其是咸鱼只能靠回族人来提供。由于黎族人居住在山区,森林茂密,木材以及藤类植物随处可见,回族人生活在沿海的平原地带,森林植被远没有山区那么繁茂,所以回族人造船或建房所需的木材、竹子、藤条,织渔网用的麻绳,都需要从黎族人手里购买。

此外,海南回族每年都要过几个全民性节日,有开斋节、古尔邦节、圣纪节以及"盖德尔夜"等,在这些节日里都需要食用大量的牛、羊肉,因而对牛、羊的需求量很大,但由于回族人的主业是海洋捕鱼业,自己饲养的牛、羊数量有限,根本不够食用,所以就有必要去黎族地区买来,宰杀享用。

三、文化上广泛交流

自古以来，海南岛上各民族之间就存在文化上的广泛交流。当然由于汉民族在很早以前文化就达到了一个相当的高度，处于较为强势的地位，而海南岛上其他民族的文化与汉族文化相比相对要逊色一些，所以在各民族之间文化交流的过程中，表现为汉族文化对其他民族文化的影响比较大，而其他民族对汉族文化的影响相对来说要小得多。但不管怎么说，海南岛各民族之间广泛的文化交流，使得各民族在文化上有了更多的共性，从而为中华民族共同体意识在海南的形成奠定了一定的文化基础。

（一）黎汉之间文化上的广泛交流

1. 汉文化对黎族的影响

（1）汉族姓氏文化对黎族的影响。众所周知，几千年的中国历史，实际上就是一部汉族与少数民族不断融合与发展的历史。汉族人民所创造的文化，一直深深地影响着我国历史上的其他民族。其中，少数民族取汉姓应该算是受汉文化影响最为明显的表现之一了。自古以来，黎族就在我国的海南岛上繁衍生息。生活在海岛之上的黎族，虽然之前与大陆交往存在诸多的不便，但是在汉族进入海南岛后，黎族不可避免地受到了汉文化的影响。与我国大多数少数民族一样，取汉姓也是黎族受汉文化影响最为明显的表现之一。

关于黎族汉姓的起源，根据《大明一统志》中的记载，一直到了唐代，才有了最早的有关汉姓黎民的记载："唐咸通中，命辛、傅、李、赵四将进兵，擒黎峒蒋璘"[1]，这是最早的关于汉姓黎民的记载。在有关于"蒋璘"的记载之后，陆陆续续地开始了对于汉姓黎民的记载，唐代可考的汉姓黎人共有 7 人，其中王姓 4 人，蒋姓、邢姓各 1 人。从唐代到清末，有关黎族汉姓的记载逐渐增多。据史籍统计，宋元两代总计可考的汉姓黎人共有 15 姓 97 人，此时期黎族大姓，以王、符二姓为多，上述王姓 55 人，符姓 17 人，分居一、二位，王、符二姓合计 72 人，占总数 97 人的近 75%。在史籍中关

---

[1]〔明〕李贤、彭时等：《大明一统志》，转引自海南省民族学会编《黎族藏书方志卷》卷一，海口：海南出版社，2009 年，第 4 页。

于黎人"多王、符二姓"之说从宋元时期就已经明显体现出来了。关于明代黎族汉姓的考证，吴永章先生在他的《黎族史》中就有过统计，明一代黎人有姓名可考者共29姓183人，其中以王、符二姓为多。①清代汉姓黎人有姓名可考者共34姓166人。

综合三个时期的黎人汉姓统计情况，可以得出如下结论：黎人汉姓有明确记载由唐朝开始，随着中央政权对海南岛的逐渐重视，有关黎族的记载也开始逐渐增加。黎族汉姓，以王、符二姓为多，这两个姓在各个时期所占比重都十分大，其次是那、陈、吴、黄、许、林、梁、黎、李、刘、郑、马等姓。黎族汉姓，随着朝代的更替也在不断地发展。

（2）汉族教师入黎族地区。在民国以前，黎族地区的教育极不发达，只有在个别地区有私塾的存在，汉族教师进入黎族地区的很少。到了民国时期，海南像全国大多数地区一样，废除了传统的教育方式，推广和普及了新式的学校教育，新式的小学和中学如雨后春笋般出现在海南各地，也包括海南广大的黎族地区。但不管是海南汉区的学校，还是海南黎族地区的学校，都遵循的是民国政府教育部制定的规章制度，开设大体相同的课程，使用基本相同的教材，而这些教材都是汉语教材，授课语言也是汉语。由于黎族地区难以找到精通汉语、文化水平高的黎族教师，所以只有到汉族地区去招聘教师。一时间，有大量汉族人士进入黎族地区的各类学校去当教师。这些汉族教师到了黎族地区后，一方面向黎族学生传授现代科学知识，另一方面也把汉文化传到了黎族地区，他们成为沟通两个民族文化的桥梁和纽带，为黎汉两个民族的文化联系做出了贡献。

（3）汉族服饰对黎族的影响。黎族人穿汉族服装，古已有之，到了民国时期，这种现象就已经非常普遍了。民国时期，随着黎汉之间交往的日益密切，汉族文化在各个方面的影响力也在加大，体现在服饰方面就是有愈来愈多的黎族人开始穿着汉族的服装，特别是黎族男子，穿着汉服的尤其普遍，这正如尾高邦雄于20世纪40年代在调查了重合盆地的黎族后所言："在调查地区的黎族中，汉族服装已相当普及，因此仅凭着装来判断人们所属的方

---

① 吴永章：《黎族史》，广州：广东人民出版社，1997年，第280页。

言，也已变得愈加困难。"①

（4）道教在黎族地区的广泛传播。道教产生于东汉，是中国土生土长的宗教。道教传入海南汉区的时间大约是在唐代，随后得到了海南岛汉族居民的普遍信仰，宋代时海南岛上还出现了一位中国道教历史上著名的人物——白玉蟾。道教在黎族地区的传播时间较晚，大范围的传播应该是在清代。民国时期，随着黎族与汉族交往的日益频繁，汉族的道教也开始在黎族地区得到了更加广泛的传播。《海南岛黎族社会调查》一书，公布了其所调查的黎族地区 22 个点的宗教情况，在这 22 个点中，10 处道教传入时间不清，清代传入的有 7 处，民国传入的有 5 处。在有些调查点，20 世纪 20年代是当代黎族信仰汉族道教最盛的时期。此外，史图博先生在其 20 世纪30 年代考察中，也发现了道教在黎族地区的广泛存在，例如在白沙的本地黎地区，史图博发现当地的宗教深受道教"赶鬼"的影响，从汉族的道教中传过来的赶鬼仪式在黎族人的生活中具有重大的意义。

（5）汉族在生产、生活方面对黎族的影响。汉族人在生产生活方面对黎族的影响可以说从古代双方一产生接触就开始了，这种影响可以说是长期的、潜移默化的。到了民国时期，汉族对黎族的影响几乎是全方位的，其中在生产、生活方面的影响尤为大。

在生产上，民国时期无论是在合亩制地区，还是在个体小农经济地区，黎族均已广泛使用铁质农具，如犁、锹、锄、铲、钩刀、斧头、尖刀、镰刀等，这些铁质农具黎族本身是无法生产的，故全部由汉族地区输入。此外，打猎用的粉枪，捕鱼用的渔网，也基本上都来自汉区。

在生活上，铁锅、铁铲、菜刀、瓷碗、火柴等饮食用具于民国时期开始在黎族地区大规模普及开来，而这些东西全部都来自汉区。汉族喝开水的习惯、种植和食用蔬菜的习惯也慢慢为黎族所接受。在婚姻习惯上，汉族的婚姻习俗对黎族传统婚俗的冲击愈来愈大，汉族的媒娉之风、合八字的现象在黎族婚姻中日渐增多，而其传统的"玩隆闺""不落夫家"习俗在许多地区被迫发生变化。在丧葬习俗上，板式棺材、拱形高坟、风水堪舆、清明祭扫等汉族丧葬文化中的标志和符号也频繁出现在这一时期部分黎族丧葬仪式

---

① 〔日〕冈田谦、尾高邦雄著，金山等译：《海南岛黎族的社会组织和经济组织》，海口：海南出版社，2016 年，第 133 页。

中，成为黎族学习模仿的对象。在节日习俗上，人们发现，大量的汉族节日，诸如清明节、端午节、鬼节（中元节）、中秋节、冬至等传统的汉族节日，于民国时期开始向与汉族地区交界或接近的黎族地区传播，当地的黎族百姓开始接受这些节日，这些节日也逐渐成为黎族节日文化的一部分。

（6）汉语汉字在黎族地区的普及与推广。古代，黎族中能说汉语的人士不多，主要集中于部分熟黎中，识汉字的就更少了。而到了民国时期，这种状况有了根本性的改变，能说汉语的不再局限于一小部分人，而是"无论黎、苗、岐、侾之人，多能操本地汉语，惟居于深山中者，则仍仅能操其本族之语言"。[①]

在汉语普及于黎族地区的同时，也有愈来愈多的黎族人士开始使用汉字，如用汉字来订立契约、书写账单、书写书信，都不是什么稀罕的事情。甚至在个别黎族地区，黎族人已经用汉字来书写族谱了，比如在前些年的黎族古籍调查中，海南省民族博物馆的罗文雄先生在昌江黎族自治县乌烈镇峨港村发现了两部族谱，一部是符氏族谱，一部是王氏族谱。

（7）汉式建筑传入黎族地区。众所周知，黎族的传统住宅是船形屋，船形屋一般都是用在黎族地区随处可见的茅草、木材等搭建而成，这种船形屋到了民国时期仍然存在，不过主要是落地式船形屋，而干栏式船形屋已不多见。随着与汉族交往的加深以及黎族生活水平的提升，在汉族建筑的影响下，出现了"金"字形的茅草房和汉式砖瓦房。"金"字形的茅草房，主要分布在陵水、崖县两地的哈黎地区，这两个地区由于接近汉区，受汉族的影响较大，所建住宅往往仿照当地汉族的式样，基本上与当地汉族住宅形式大同小异，建的都是"金"字形的茅草房。民国时期，汉式的砖瓦房在黎族地区已经出现了，不过数量不是太多，建造这些砖瓦房的基本上都是黎族社会中有权有钱的上层人士，如王兴瑞在黎族地区考察时就曾见到过保亭地区打偏村王勋君所建的汉式砖瓦房。

2. 黎族文化对汉族的影响

黎族文化对汉族文化影响的事例不多，最为典型的莫过于宋末元初黄道婆从松江的乌泥泾来到崖州，向当地的黎族人民学习了先进的棉纺织技术，

---

① 左景烈：《海南岛采集记》，载《中国植物学杂志》，1934年第1—2期。

然后再将这一技术传播回故乡乌泥泾的汉族人中间。

黄道婆，宋末元初松江泥泾人，年少时由于不堪公婆虐待而流落崖州，在崖州住了四十年。崖州时为黎族聚居之地，黎人民十分同情她的遭遇，热情地关心和款待她，并向她传授棉纺织经验和织造崖州被的技术。晚年，她乘海舶回到故乡乌泥泾，以纺织棉制品为生。原来江南一带以丝麻织业闻名，棉纺技术则相对落后。黄道婆把从黎族妇女那里学来的一整套棉纺技术传授给当地的汉族妇女，并与她们一起在黎族治棉工具的基础上，对去籽、弹花、纺线和织布等工具进行革新和改造，成功制造出轧棉去籽用的手摇搅车、弹棉用的粗弦大弓、同时纺出三根纱的三维脚踏纺车，大大提高了治棉和纺织的效率。与此同时，黄道婆又把黎族擅长的"错纱、配色、综线、挈花"等工艺，结合我国传统的丝织技术，运用到棉纺工艺中，织出的被、褥、带、悦（即佩巾）等有花草、鸟兽、折枝、团凤和棋局等图案花纹，栩栩如生，"粲然若写"，把棉织工艺提高到一个新的水平。她们的产品甚得时人喜爱，一时行销全国，促进了江南地区棉纺业的发展，使"民不给食"的乌泥泾变为"家既就殷"的富裕之乡。黄道婆对我国棉纺织业的技术革新所做的重大贡献，体现着黎、汉两族人民辛勤劳动的结晶，凝结着两族人民的深情厚谊，为黎汉人民友好团结的历史写下了光辉的一页。

（二）汉苗之间文化上的广泛交流

海南苗族是个历史悠久的民族，由于他们长期居住在远离汉区的深山老林之中，使其得以保留着较为完整的传统民族文化。但随着与汉族交往的日益增加，其文化也无可避免地受到汉文化的影响。

1. 语言的借用

海南苗族有本民族语言，属汉藏语系苗瑶语族瑶语支。海南苗族虽然分布极广，但各地苗语之间的语音、词汇和语法都基本相同，只有个别语音在发音部位或发音方法上稍有差别，还未形成方言。由于与汉族长期交往，语言上出现了大量与汉文化有关的借词，其数量约占总词汇量的30%以上，大大地丰富了海南苗族语言的词汇。从其来源和借入时间来看，这些借词可分为早期借词和近期借词两类。早期借词保留着较为浓厚的中古汉语语音色彩，读音和构词方式与汉语粤方言相近，也有少量来自汉语西南官话的借词。近期借词大多数是近现代政治、经济、文化方面的词语，读音和构词方式多与属于汉语闽方言的海南话相近。

2. 汉字的使用和传播

海南苗族没有自己的文字，其宗教活动使用的经书和历史传说、歌谣（包括歌信）以及家谱等都用汉字书写。其何时开始使用汉字，至今无考。而其传播媒介或途径似与宗教活动密切相关。

苗族的宗教信仰主要有祖先崇拜、自然崇拜和精灵崇拜以及外来宗教——基督教等数种。在基督教未传入之前，苗族宗教受汉族道教影响较深。主持宗教活动的道公有一定的文化。

其活动以一套较完整的用汉字书写的经书为依据，并有法印、铜铃、神像等法器和符咒。道公有文道公和武道公之分，其用可据道公视法事的内容和性质而定，有时也会文武道公共同合作。不论是文道公还是武道公，都不脱离生产劳动，做法事仅是"副业"，不收酬劳。由于道公能为人做法事，在村寨中享有较高的威信，因而有不少人家都让孩子（仅限于男性）学道。学道首先要背诵经文，然后才慢慢学习法事的仪式。学道者在学习及背诵经文过程中逐渐掌握汉文的字形、读音、字义及书写。1920 年之前，海南苗区没有出现任何类型的学校，从学道中学习汉字，是汉字在苗区传播的主要的甚至是唯一的途径。

1915 年，基督教开始传入五指山万泉河上游的今琼中南茂乡一带苗区。随着基督教的传播，1920 年秋，基督教嘉积教区在南茂水竹苗村设立初等福音学堂，配备三名汉族教员，招收苗族学童，课程与国内普通小学相同。其后，又在新村等其他苗村再设同类学堂。由于这些教会学校的开设，部分苗族子弟有机会学习汉字，一定程度上加速了汉文化的传播。

3. 汉文化对苗族民间文学的影响

海南苗族民间文学丰富多彩，其传说故事和歌谣题材广泛，想象奇妙，寓意深刻，具有浓厚的民族色彩。从内容看，它和排瑶民间文学一样，受到汉族民间文学不同程度的影响。

其民间文学大致可分为两类：一类是内容、情节与汉族的基本相同，未经任何加工，原样在苗区流传，如爱情故事《梁祝姻缘》《颜回与张孟娥的

恋爱故事》，以及有关家庭伦理道德教育的《家训歌》等；另一类是将汉区
传入的作品进行加工，加入本民族的素材，使之成为本民族的作品，《盘古
创世》《神农公》即属此类。前者称原形流传，后者称镶嵌流传。

（三）汉回之间文化上的广泛交流

海南回族的先民，自从宋元时期踏上海南岛之后，便处在与周边的汉族
人相邻而居的环境之中。海南回族的周边的汉族人不仅人数众多，而且文化
发达，所以在长期的社会历史发展过程中，海南回族虽然依旧保持着自己的
伊斯兰教文化，但是在各个方面受到来自汉族文化的影响也是广泛而深
刻的。

1. 用汉文书写了本民族的族谱《通屯宗谱全书》

笔者于 2005 年 8 月份到三亚回辉村做田野调查时，偶然从该村的蒲桂
才老阿訇家中发现了一部用汉文书写的海南回族族谱，原来这部族谱是回辉
村各家族谱的汇集，名为《通屯宗谱全书》，至迟修成于民国时期。《通屯宗
谱全书》共记录了海南回族 21 个姓氏 32 户人家的传承系统表。

族谱，又称家谱、宗谱，早期也称之为谱牒，是记述一家一族历代世系
情况的文献资料。家谱文化最初是汉民族大约在秦汉时期创立的，后来慢慢
影响到中国境内的其他民族，他们也开始模仿着汉民族编撰家谱的形式和体
例编撰了自己的族谱。《通屯宗谱全书》就是海南回族模仿汉民族编撰族谱
的形式和体例编撰的本民族的一个族谱的汇编。

2. 回族子弟进学校学习汉文化

海南回族最早的教育，应该是伊斯兰教的经堂教育。大致从 19 世纪末
以后，凤凰镇的海南回族同胞们开始从乐东、黄流等地陆续聘来一些汉族老
师给孩子们开展启蒙教育，传授汉文化知识。家境较好的家庭，则把子女送
到汉族学堂学习，这使得部分青少年男子，除了接受清真寺的经堂教育之
外，还接受到了中国传统的汉文化教育。它标志着海南回族在"念经礼拜、
信守其教"吸收伊斯兰教文化的同时，也开始吸收中国传统汉文化的精髓。

1926 年，回辉村的回族人刘遵贤在三亚凤凰镇与当地清真寺合作，创
办了第一所民办小校，并自任校长。校址设在清真寺内，开了海南回族建汉

式学校的先河。当时第一批学生为40多人，后迅速发展到180人，男生占多数。教师除了以刘遵贤为首的回族老师外，还有个别汉族老师。该校起初取名为回辉乡回辉旧村初小，学制为四年（一至四年级），分为四个班。

3. 婚姻习俗中借鉴汉族仪式风俗

回族文化是伊斯兰文化与中国传统汉文化相互碰撞、交流、融合的产物，海南回族的婚俗文化作为回族文化的一部分亦如此，它一方面在婚姻观和婚姻形式上强烈地受到伊斯兰教经典的影响，一方面在婚礼仪式和过程上受到周边其他民族，特别是汉民族的影响。二者相结合，从而形成了带有地域特色的海南回族婚俗文化。

中国传统汉文化十分重视婚姻，《礼记》谓："夫妇始于冠，本于婚，重于丧祭，尊于朝聘，和于乡社，此礼之大体也。"[1]中国传统的婚姻模式是"父母之命，媒妁之言"。婚姻的程序是"六礼"，即纳采（男女相识）、问名（验生辰八字）、纳吉（订婚）、纳征（聘礼）、请期（择取吉日）、亲迎（婚礼）。各地汉族传统婚俗大体上都是遵循这种模式和程序；海南回族的婚俗受中国汉传统文化的影响基本上也具备了这些程序，其具体程序是提亲、订婚、纳聘金、订婚期、举办婚礼。

4. 回辉话受到来自汉语的影响

海南回族自10世纪以后陆陆续续从东南亚的占城地区迁来，在他们的周围，生活着众多的汉族居民。在近千年的频繁交往中，他们的方方面面都受到了汉族文化的影响。语言方面也不例外。海南回族所说的回辉话来源于占语，但和今天的占语支语言相比较已经有了不同，已经发生了变化。那么导致回辉话发生变化的是哪种语言呢？经专家的研究，主要就是汉语。汉语在声调和词汇方面都给回辉话带来了影响。

占语支诸语言还没有形成区别词义的声调。而回辉话则不同，已产生了声调，为什么会产生这种变化呢？毫无疑问，这是在有声调的汉语言的长期影响和诱发下产生的。汉语言很早就有发达而完善的声调系统。海南回族人在与汉族人的长期交往中，逐渐在其所讲的语言中也加入了声调并形成了

---

[1] 陈戍国撰：《礼记注校》，长沙：岳麓书社，2004年，第491页。

系统。

东南亚的占语支各语言与汉语没有直接接触，这些语言几乎没有汉语借词，而同属于占语支的回辉话却有一批与汉语相同或近似的词。毫无疑问，这些词汇是说回辉话的占城移民后裔，在移居海南岛以后，在与汉族人的长期交往过程中，有意无意地从汉语中吸收过来的。

5. 全面借用了汉族的姓氏

海南回族在其母国占婆国时，肯定用的不是汉族的姓氏，而到了海南之后逐渐开始全面采用汉族的姓氏了——这是汉文化对其影响的一个重要方面。

最早提及海南回族姓氏的明《正德琼台志》卷七《水利·风俗篇》曰："其在外州者，乃宋元间因乱挈家驾舟而来，散泊海岸，谓之番坊、番浦，不与土人杂居，其人多蒲、方二姓。"[①]《万历琼州府志》卷三《地理志·风俗篇》亦有同样的记载。这两条史料说明，至晚在明代正德、万历以前，海南回族中已经有了不少姓氏，其中最多的是蒲、方两姓。

立于乾隆十八年（1753 年）十二月十七日的《正堂禁碑》是记述凤凰镇回族的唯一的一块汉文石碑，碑文中提到的三亚里的回族姓氏有：蒲、周、王、陈四个。

完成于民国时期的海南回族族谱《通屯宗谱全书》，是目前记载海南回族姓氏最详的一部资料，它为我们提供了丰富的姓氏信息。从这部族谱中我们了解到：当时的海南共有 21 个汉姓，分别是：蒲、哈、金、李、江、高、庄、陈、刘、杨、海、付、米、许、林、于、汪、苗、赵、马、张；在这 21 个汉姓之中，蒲姓最多，其次为哈姓，再次为金、李、江各两家；其他诸姓，俱为一家。

（四）黎回之间文化上的交流

由于同属一个行政区划，自古便是邻居，所以黎族与回族之间，不仅在经济上交往频繁，在文化上也有诸多联系。

---

① 〔明〕唐胄纂：《正德琼台志》卷七《水利·风俗篇》，海口：海南出版社，2006年，第 149 页。

1. 语言交流

黎族人说黎语，回族人说回辉语，双方要来往，势必要听懂对方的语言。笔者在调查中了解到，当年在回族村里懂得黎语的人不在少数，这是因为黎族人与回族人会在"走黎"或者"认兄弟"等交往中逐渐学会对方的语言。但双方对对方的语言应该了解不深，仅仅是听懂一些日常生活用语，满足平时的交流就足够了。

2. 互尊信仰

回族人信仰的是伊斯兰教，黎族人信仰的是本民族的原始宗教，差异极大，但据老人们回忆，这并没有给双方的交往带来什么阻碍，因为当时的回族人和黎族人都能做到尊重对方的民族信仰。据当年去过黎村的一位回族老人回忆，他曾看到过黎族人在大树底下举行祭拜仪式，也常常能够看见文面的黎族妇女，他知道这是黎族人的宗教信仰，他应当尊重，而不是说三道四。当然，他也没有参与黎族人的宗教行为。他还说，当年来到回族村落的黎族成年男子，是从不进村里的清真寺的。

3. 同受教育

民国时期，羊栏乡附近的黎族村庄没有设小学，回族村则在1926年就已经有了一所由回族人刘贤遵先生创办的初级小学，后来发展成为高小，学校设在当地的清真寺里。这所学校人少的时候几十人，人多的时候有上百人。这所建在清真寺里的学校，也曾接收个别黎族子弟入学。而这些黎族子弟之所以能入学，原因是他们的长辈与回民"认了兄弟"或者是两家的关系非常要好，才会以朋友关系让其来回族学校学习。

日军侵琼期间，曾把刘贤遵办的这所回族小学改成了日语学校。有一个叫河合爱治的日本人，当年在这所回族日语学校里教过日语、音乐和体操。据他回忆，当时的这所回族日语学校里除了回族学生外，还有黎族学生20名左右，最多时达50名。

四、血脉上相互交融

"交"的本义是交叉、交错、互相接触，"融"的本义是几种不同的事物合成一体。"交融"一词的意思是互相融合，彼此之间友好相处。海南岛上生存的黎、汉、苗、四大世居民族，经过几百年乃至上千年的互相通婚、互相融合，他们已经在血脉上连结在了一起——这就为中华民族共同体意识在海南的形成奠定了血缘上的基础。

（一）黎族与汉族之间的互相融合

1. 附版籍——黎族大量融合于汉族的一种形式

少数民族大规模地融合于汉族，其开始的主要标志便是附版籍，成为封建王朝的编户，与齐民一体供赋役。这一点，在明清时期的海南岛表现得特别明显。

明清时期，黎族大规模地融合于汉族，从"附籍"成为国家编户或所谓"熟黎"开始，然后渐次进至更高的层次，即海瑞所说的"悉输赋听役，与吾治地百姓无异"的"民黎"，如万州有"民黎九都，熟黎七十三村"[1]等即是，最后进入黎、汉一体的熔融境界。其融合的进程可表示为"生黎"→"熟黎"→"民黎"→黎、汉一体。

明朝永乐初年，用巡按御史汪俊民议，使黎族峒首招谕黎人附籍，一时"来归"者如潮。据正德《琼台志》统计，从永乐初至永乐十年的短短几年间，黎族编户即已近两万。此后，附籍者不断。清康乾之世，黎族附籍又有进一步的发展。雍正八年（1730年），崖州、定安、琼山、陵水等县七十一村"生黎"近三千人"输诚向化，愿入版图"。[2]至道光年间，黎族基本上都已进入国家编户，为黎、汉融合奠定了基础。与嘉靖年间相比，清末黎峒已发生很大的变化：澄迈、文昌、临高、乐会、昌化、万州等岛北和岛东南部的州县，黎峒减少50%以上，其中前两县减100%，乾隆年间已有"文昌无

---

① 〔清〕焦映汉修、贾棠纂：《康熙琼州府志》，海口：海南出版社，2006年，第755页。

② 〔清〕萧应植修、陈景埙纂：《乾隆琼州府志》卷八《海黎志》，海口：海南出版社，2006年，第847页。

黎"之说。①这些减少或文献不载的黎峒，多数应与民族融合有关。明代著名的黎峒如琼山县之南坤（今属屯昌县）、定安县之南间，儋州之薄纱（今作白沙）、七坊（两者今属白沙县），崖州之罗活、抱宥（今作由，两者今属乐东县）等，至清末，南坤、南间已成为汉区，其余各峒也已成为黎、汉共居的较大集镇，昔日黎族兴盛的局面已不复再见。这种沧海桑田的变化当与民族融合有关。

举凡黎族附籍，编入都图里甲，其名称或带有民族歧视色彩，或冠以方位词加族称，如定安县之归化图，儋州之黎附都、顺化都、来格都、来王都，琼山县之东黎一都、东黎二都、西黎一都、西黎二都、西黎三都，澄迈县之南黎都、西黎都等等。其后，由于"黎人归化既久，与齐民等"，原来与黎族有关的名称已变得名实不符，"有黎都之名，实无黎人之实"。②于是便将原来与黎有关的都图名称更改，如澄迈县之南黎都改为一都、二都，西黎都改为正都、终都。③琼山县之东黎一都改为开文都，东黎二都改为德兴都；西黎三都析为五都，即荫棠都、踵科都、富谷都、集雅都、崇德都；等等。与此同时，都图既归海南地方政府管理，也就不再归属于原来的黎族土官统领了。至此，黎融于汉从内容到形式均告完成，倘非方志有载，其融合踪迹几无从寻觅。

2. 黎汉通婚——千百年来黎汉互相融合的一种形式

黎汉之间通婚，古已有之，古籍文献中屡屡提及的熟黎中有相当数量的汉人成分，其实就是相当数量的汉族人进入黎区之后，娶黎族妇女为妻，然后融入黎族之中。进入近代以后，黎汉通婚的现象日益增多，记载也相对丰富了一些。例如《海南纪行》的作者香便文，于1882年11月在海南之行的途中，分别在黎区与汉区交界处的南丰镇和黎族地区的牙寒镇，遇到了两户黎汉通婚的人家，均为汉族男人娶黎族妇女为妻。而且香便文认为，当时黎

①〔清〕萧应植修、陈景埙纂：《乾隆琼州府志》卷八《海黎志》，海口：海南出版社，2006年，第829页。
②〔清〕明谊修、张岳崧纂：《道光琼州府志》卷二十《海黎志》，海口：海南出版社，2006年，第848页。
③〔清〕焦映汉修、贾棠纂：《康熙琼州府志》，海口：海南出版社，2006年，第754页。

汉通婚，并不少见，主要是汉族人娶黎妻，通常是那种比较贫穷的汉族人娶黎女为妻，他说："对于汉人，尤其是家境不好的汉人来说，给儿子们娶黎族妻子，似乎并不是罕见的事。"①到了民国时期，黎汉通婚的现象与以前相比，显得更多了。从笔者掌握的零散的资料中可以看出，民国时期的黎汉通婚形式大体上有以下四种途径：

（1）驻村汉商与黎族妇女的婚姻。民国时期，由于交通的便利及黎汉交往的加深，广大黎族地区中有许多大大小小的村子中住有汉族商人。这些汉商，大都是小商小贩，他们来自汉族中的下层百姓，手中没有多少资本，多是从大商人那里赊购物资进入黎族地区进行贸易的。这些人到了黎族地区后，长驻于黎村，和当地的首领及百姓建立了良好的关系，慢慢地也认同了黎族人的生活习俗，开始娶黎族妇女为妻，过起了和当地黎人相同的生活，逐渐黎化了。由于这些人在汉族家乡生活时本身就较为贫困，所以到了黎族地区后通过经商发了点小财又娶妻生子后，日子甚至会比在汉族家乡还好一些。

（2）流落黎区的散兵游勇娶黎女。民国时期，政局动荡、战事频发，有的战事结束后，一些被打败的散兵游勇就跑到了黎族地区，在当地娶妻生子，同化于黎了。鉴于民国时期海南极为频繁的战事，这些流落到黎族地区后娶妻生子的散兵游勇当不在少数。

（3）汉族援黎教师娶黎女。民国时期，国民政府在广大的黎族地区开办了众多的小学，一些黎族上层人士也自己动手开办了学校，这些学校的教师几乎无一例外都是来自汉区的汉族人。汉族教师来到黎族地区，天长日久，与当地的黎族百姓结下了深厚的情谊，有的就娶了黎族姑娘为妻，生儿育女，安居乐业了。

（4）黎族男子娶汉族女子为妻。以民国时期黎汉通婚的基本情况，反映的主要是汉族男子娶黎族女子为妻。那么，有没有黎族男子娶汉族女子为妻的情况呢？也有，不过极少，如民国时期黎族地区的著名人物王昭夷，1934年在广州陈济棠办的燕塘军校学习期间，就曾娶了广西防城籍的汉族女子江燕琪为其三妾。

---

① 〔美〕香便文著、辛世彪译注：《海南纪行》，桂林：漓江出版社，2012 年，第69 页。

（二）回汉之间在海南岛的融合

中国回族的来源是多元的，其形成过程，也即是民族融合的过程。回汉融合同样是双向的，有回族融合于汉族的情况，亦有汉族融合于回族的情况。在海南岛西北部的儋州市，有近2000名蒲姓居民，分布在该市峨蔓、干冲、海头、长坡、新英、那大6个乡镇的10个村庄，他们是明代从广东南海迁徙而来，源自宋元时期在闽粤地区极负盛名的蒲寿庚家族。

目前一般认为他们是回族的后裔。他们现在说汉语，风俗习惯也与汉族基本相同，甚至一度都不知道自身与回族有何关系——可以说他们已经彻底融入了汉族之中。

据其族谱《南海甘蕉蒲氏家谱》记载，峨蔓一带的蒲姓族人皆系同一始祖蒲玉业所出，至1989年为二十四代约六百年，其入居峨蔓的时间大约是在明朝初年。依《万历儋州志》所载，尚未融入汉族之前的峨蔓一带的蒲姓族人，其文化特征有三：其一，信奉伊斯兰教，家不供祖先，一村有一清真寺，供族众早晚念经礼拜。每年有一斋月。开斋日，族众聚寺诵拜，是谓"开斋节"。其二，饮食上禁食猪肉。其三，葬不用棺。[①] 从其文化特征可以看出，他们当时的文化尚带有明显的伊斯兰教文化的特色。但是在后来的岁月中，峨蔓蒲姓族人逐渐放弃了自己的伊斯兰教文化，融入到了周边的汉族人中间，但这个转变的具体时间是什么时候，已无明确的史料记载。不过从今日峨蔓蒲姓族人的文化来看，已与当地汉族无异，他们已彻底摒弃了伊斯兰文化。现在，蒲氏族人聚居的村落无清真寺，却建有蒲氏宗祠，供奉该村的开基始祖牌位，还有供奉儋州肇基始祖即蒲玉业夫妇神位的总祠堂，与不设佛像、不供木主的清真寺不同。大家早晚不念经礼拜，无斋月。其信仰以祖先崇拜为主，兼有其他民间信仰，杂有若干道教成分。与伊斯兰教早晚念经礼拜不同，蒲姓族人还于清明、冬至二节以氏族或家庭为单位祭祀祖先。清明节，以氏族为单位到祖先坟墓洒扫，冬至节则阖族到总祠堂拜祭肇基始祖。饮食方面，已与汉族一样，日食三餐，主粮有大米、高粱、番薯等，肉类以猪肉和鱼为主。多数族人嗜好酒、烟。人死后，一般在家停尸三日，设灵堂，供亲友拜祭。出殡时，用白布裹缠尸体，然后用棺木入殓，抬往墓地

---

① 〔明〕曾邦泰等纂修：《万历儋州志》，海口：海南出版社，2004年，第46—47页。

安葬。当地蒲姓已无自己的公共坟场。入殓前以白布裹尸，恐是蒲姓族人唯一一点回族文化特征的遗留。[①]

（三）苗、汉、黎之间的相互融合

1. 黎汉苗融合

海南苗族与黎族及汉族之间的关系都相当密切，方志称其"性最恭顺，时出调南市贸易，从无滋事"。三族友好共处，通婚和相互融合时有发生。抗日战争时期，琼中县中平苗族有姐妹二人逃到陵水县，与当地黎族男子结婚即是例证。其次，屯守士兵有携家眷者，但万历乐安营 300 来自广西的苗族药弩手是否有家属随行，史无明载，颇值得怀疑。从"后营汛废，子孙散落山谷"可知，防守期间，其已娶妻生子。其妻子恐多为"就地取材"，由于他们是守卒，身份特殊，其配偶的族别，汉族、黎族均属可能。

2. 苗汉通婚

中华人民共和国成立前，海南苗族基本上实行民族内婚。但亦有与外族通婚者，只不过其婚姻居住形式受到一定的限制。苗族婚姻的居住形式有四种：从夫居，即男娶女嫁，与汉族同；"做过世郎"，即从妻居，俗称入赘；"做郎换"，即先从妻居，经过一定的年限（一般三至四年，也有长达八年者）后，改从夫居；"做娘换"，与"做郎换"相反，婚后女子先从夫居，住够一定时间（一般三至四年）后，妻子把丈夫带回娘家落户。苗、汉通婚，一般是"做过世郎"和"做郎换"两种。其主要原因是苗家没有男嗣或女方弟妹年幼，家中缺乏劳动力。与苗族通婚的汉族男子，多数为到当地做生意的小商贩，如上述陵水的张文英，因经常到保亭苗区做买卖，与当地苗族女子恋爱并结婚，婚后落籍保亭；陵水椰林乡卓吉村汉商王显智，20 世纪 40 年代到吊罗山区做小生意，与新安村一苗女相识并结婚，入赘苗家；琼海的汉族小货郎张英元，也是因经商关系与琼中一苗族姑娘结为夫妇，并入赘其家。类似上述居住形式的婚姻还不少，仅吊罗山新安村就有五六例。除了小商贩之外，其他职业的也有，如张文英之子张明光，曾入学读书，毕业后在

---

① 练铭志、马建钊、朱洪：《广东民族关系史》，广州：广东人民出版社，2004年，第 704—705 页。

国民党政府机关当职员，后也与当地苗族姑娘结婚，即是例证。苗、汉通婚成为沟通和维系两族人民友谊的桥梁和纽带，使两族人民之间的关系更为密切。

清代澄迈县黎族华夏化初探①

于　华②

【内容提要】 清代澄迈县黎族编户齐民，纳入到国家治理体系之中。澄迈黎族积极参与科举考试，获取了士大夫身份，成为知识精英。与此同时，节孝观和婚姻观也逐渐改变，黎族士绅还积极参与地方事务，维系地方稳定。澄迈黎族逐渐对华夏文化认同，成为国家利益的维护者，而其中主要的因素就是科举制度的推行。

【关键词】 澄迈；黎族；华夏化；科举制度

前言

明清时期，朝廷对海南的统治逐渐强化，海南与各地的经济文化交流频繁。海南黎族逐渐被纳入到朝廷编户齐民体系之中。编户齐民之后，海南黎族在经济文化上有哪些变化，目前的研究并不多。③其主要原因就是海南黎族材料比较少，相关记载又比较模糊，导致研究难以深入。康熙、嘉庆、光绪年间修订的《澄迈县志》④，明确记载了较多编户齐民后海南黎族在政治、经济与文化上的变化，从中可以窥探海南澄迈黎族编户齐民后华夏化的过程。

---

① 基金项目：国家社科基金重大项目"中国东南海海洋史研究"（19ZDA189）。

② 作者简介：于华，海南热带海洋学院马克思主义学院副教授，博士，研究方向为马克思主义、海南文化遗产。

③ 目前的海南史与海南黎族的研究之中，对编户齐民的黎族发展关注较少。吴永章的《黎族史》（广东人民出版社 1997 年版）关注黎族发展，对编户齐民的黎族研究比较少。林日举的《海南史》（吉林大学出版社 2002 年版）及周伟民等人的《海南通史》（人民出版社 2017 年版）对这部分群体的研究也涉及不多。张朔人的《明代海南文化研究》（社会科学文献出版社 2013 年版）涉及明代编户齐民黎族在科举上的成就，但其他方面未深入研究。

④ 在康熙十一年（1672 年）和康熙四十九年（1710 年）两次修订《澄迈县志》。

明代对海南黎族地区的治理是在元朝基础上，采取土舍制度。"明永乐二年初，崖州罗活峒作难，监生潘隆计奏领招抚，无功伏诛。蒙委通判刘铭、办事官欧可成等赍礼部榜文，招谕寻领。招黎土人王贤祐等相率入朝。澄迈则以王朝冠等为招主，量其招抚多寡受赏除官有差。上按知府，下受巡检，爵虽有不同，其职专以抚黎为事，不得与民事焉。"[1]275 到了成化年间，逐渐采用编户齐民，即由官府管理黎族事务。《明史·广西土司三》中记载："琼州黎人，居五指山中者为生黎，不与州人交。其外为熟黎，杂耕州地。原姓黎，后多姓王及符。熟黎之产，半为湖广、福建奸民亡命，及南、恩、藤、梧、高、化之征夫，利其土，占居之，各称酋首。成化间，副使涂棐设计犁扫，渐就编差。"[2]7981 但是土官依然有强大的生命力，"按抚黎官初设以抚为名，及其后放恣，动与州县争雄。又近黎奸民欲避差役，谋借近黎都图作眼招主阳夺有司人民，阴收生黎厚利。使非周宗礼、王增祐之叠疏，革除不许袭职，其祸犹未艾也。后土官虽已革籍，而子孙犹假土舍，因其厚赀，交通权要，密间黎情，阻其归顺，遇有新附，则威胁以张已势，一有征剿则漏泄以鼓黎凶。此辈将焉用之，宜其革绝之早也。"[1]p276 朝廷在编户齐民过程中，虽然一度引起了部分土官的不满。[3] 但明政府逐渐调和，强化黎族编户齐民的同时，在一定程度上保持了土官的利益，土舍制度延续到清初。[4]

明清时期，黎族主要分布在澄迈县永泰乡的四个都，即西黎都、西黎中都和南黎都二。[5]280 清初年列为四黎籍，其由来是"明永乐四年，抚黎知府刘铭奏籍以抚黎官王朝冠等作眼招抚生黎，概与新招黎人免差。正统间革归有司。弘治十七年，副使王橹援引前例，黎图各归土舍，防黎只许纳粮不差，今黎图田地各归乡官富豪。嘉靖二十二年，知县秦志道取出编徭役以俟渐化。大抵黎供报之初，未及丈量，田地广腴，民多杂居，勾构词讼，亦宜议处之。万历四十年清造后，四黎买民田者几二百余石，有司影射者几五百余石，是在司国饷者一视而均布之耳。乃多为其所饵，竟置不问，何也？"其中"西黎一都，县南一百二十里，编图十。西黎终都，里编与上同，旧编九。南黎一都，县南一百二十里，编图十。南黎二都，里编与上同，旧编九。"康熙四十九年的澄迈县志记载为，西黎正都、西黎中都，南黎一都，南黎二都。[6]27，到了嘉庆年间，增加为五都，即西黎正都、西黎中都，南黎一都，南黎二都，南黎正都[7]42；此后，又增加南黎福都，一共有六都，

"县南一百二十里，编图十。"[1]64-65 黎籍都图的增长，除了人口自然增长的因素，还包括部分生黎逐渐转化为熟黎，成为齐民。"故而《县志》另有疍籍一，曰东水都；黎籍五，曰西黎、南黎等都。本不列都图之内，故旧志不载。近年纳粮、充役与齐民等，疍籍已附入恭贵乡，黎籍已附入永泰乡。县属都图凡三十有九，今并之。"[8]412

清代澄迈六都的黎族编户齐民后，在与汉族交往中，华夏文化逐渐渗透到这些族群生活的各个方面。同时这些黎族百姓也通过各种途径逐渐实现华夏化，以期获得身份上的认同。

一、积极参加科举考试

通过科举，取得功名，甚至为官，完成士大夫化，成为文化精英或地方精英，是少数民族华夏化的重要手段之一。澄迈六都黎族在明代科举中的成就并不高，只有万历年间和崇祯年间，以岁贡形式进入国子监读书的西黎人徐养裕和南黎人林辉春。徐养裕曾担任过训导[1]346-347。到了清代，澄迈黎族后裔在进士、举人级别的考试中成就也不大，未有中进士或武举的。只有在武举上，乾隆戊子科出现了西黎正人王之璠。[1]338

澄迈六都黎族在贡生资格中有极大的热情，取得了很大成就。清朝贡生分为六种。《清史稿·选举志一》载，"贡生凡六：曰岁贡、恩贡、拔贡、优贡、副贡、例贡。"例贡，"凡捐纳入官必由之。"[9]3104-3107 清朝规定恩、拔、附、岁、恩五贡为正途。可以授予一定官职，主要为训导之类的官职。[9]3108-3109 当然，例贡也可以为官，"康熙中，捐纳岁贡，并用训导。雍正初，捐纳贡生，教谕改县丞，训导改主簿。既仍许廪生捐岁贡者，用训导。"[9]3109

在清代官吏体系之中，贡生仕途多止步于中低层官职，其在官场前途不如举人或进士。[10]不管怎样，贡生入职后，依然可以获得士绅身份，有免役特权，可以成为地方精英。由于澄迈六都黎族在举人和进士上成就不高，他们集中在贡生这一级别上，清代澄迈六都黎族贡生在全县贡生比例很高，达到或超过其人口比或者行政区划比，[1]反映了六都黎族在贡生级别上和澄迈其他地方持平。这从另一个侧面反映了清代澄迈六都黎族努力士大夫化过程。

表 1　清代六都黎族后裔获取功名途径[1] 336-380

名称	澄迈县总数	六都黎族后裔数	黎族后裔占比	备注
岁贡	153	21	14%	
恩贡	37	13	35%	
廪贡	60	22	37%	
拔贡	19	5	26%	
增贡	27	6	22%	
附贡	37	13	35%	
例贡	147	44	30%	捐纳购买进入国子监读书资格
例职	115	34	30%	通过捐纳获候补官员资格
吏员	21	5	23%	
痒监	9	5	55%	

　　此外，澄迈黎族中还出现了不少科举家族，有学者指出，科举家族是指从事科举人数众多，至少取得举人或五贡以上功名的家族。[11] 25也有学者认为五代内至少有两人考中进士或举人，才能称之为科举家族。[12]这些研究都是研究汉族科举，对于边疆地区的少数民族而言，这些标准是不适合的。若以取得五贡的标准来判断，比较适合黎族等文化相对落后的族群。在这种标准下，澄迈黎族有不少科举家族，南黎一都人王明孝，为康熙年间岁贡，"任南雄府始兴县训导"；[1] 352王明孝之子王得全，也为康熙间岁贡；[1] 352王明孝第三子王受眷，为附贡。[1] 360

---

　　① 道光澄迈有 39 都，黎族占据 6 都，占比约为 15%；但黎族人口比较少，与汉族相比，人口比例很低。

南黎一都北雁村人王迈毅，为附贡，"县丞衔"；[1]361王迈毅之孙王培志，也是附贡，"候委训导"。[1]361

南黎二都人王应试，为乾隆年间的岁贡。[1]354王应试之子王执纁，为恩贡。[1]348王执纁之子王宗敏，"嘉庆癸酉拔贡，国子监报满"；[1]350王执纁的另外一个儿子王宗枚，为廪贡，"任高州府学训导"；[1]357王执纁第四子王培超，为廪贡，"即用广西知县"；[1]357王执纁还有一个儿子王宗敞，纳捐，"职按察照磨"。[1]365此外王宗枚之子王德恪，为附贡。[1]361可见，王执纁家族四代，都是读书人，大部分人在国子监读过书。

科举家族的出现，对地方教育产生影响，成为地方县学、义学的重要师资力量；此外，对当地文化也产生影响，是地方文化建设的领导者。比如王执纁，积极参与嘉庆澄迈县志的修订。另外，科举家族的出现，是政府落实政务的主要支持力量。比如在清代后期土客冲突中，基本是由很多科举家族的人士在维持地方秩序。

二、节孝观念逐渐普及

清代，澄迈六都黎族中忠孝观念逐渐形成，出现了不少孝子与节孝女性。

南黎二都人王俊卿，"秉性朴诚，制行醇谨。其事父，安则洗腆进甘，病则尝粪侍药。养老送终，极尽其礼。母先死，弟犹稚，殷勤抚育，不忘遗命。田产均分，尤让其腴。持身寡过，念凛四维。赈乏恤孤，恩流三族。"[1]398

传统上，黎族女性婚后，丈夫不幸去世，可以改嫁。《广东新语·人语》中记载："黎死无子，则合村共养其妇，欲再适，则以情告黎长，囊其衣帛，择可配者投于地。男子允则拾其囊，妇乃导归宿所，携挟牲牢往婚焉。"[13]242足见这些在夫家没有孩子的寡妇有比较自由的再婚权利。又《黎岐纪闻》记载："妇丧夫，黎人谓之鬼婆，无复敢娶。外间人入娶黎婆者，皆此类也。"[14]120这说明，寡妇再婚，因为禁忌受到限制，不能嫁给当地人，但也是可以改嫁外地人的。

但是，在清代，六都黎族中不少女性，在丈夫去世后开始守节。史书记载明代澄迈六都黎族中节孝女性有一位，即西黎人徐氏，"徐氏，西黎人，维宁女，邑庠生林煌春妻。年十九适林，甫一载春病危，誓以身殉夫，故遗金于母为记，痛泣连日，不食自缢。"[1]410清代黎族中出现了大量的节孝女性。如南黎二都王以绅之妻唐氏，"年十九于归，二十夫亡，氏激烈怨嗟，誓以死殉，幸邻人力救，得不死。后因生母逼之再醮，仍饮药而亡。卒年二十一岁。"类似的还有南黎宜都人拔贡子厘的妾洗氏。[1]413-414又如南黎一都庠生陈士辉之妻邱氏，"早寡，事祖姑翁姑以孝闻。二子俱幼，艰辛鞠育。翁姑病笃，吁以身代。及殁，殓葬如祖姑礼。操持门户，俾钦德、钦智观碑太学，孀守四十年。乾隆十六年旌。"[1]416《光绪澄迈县志·节孝》中就记载了129名南黎都的节妇，除了儒生妇女之外，还有普通女性。如南黎二都王明亨之妻邱氏，"二十三岁，亨捕鱼于溪，死水中不知所在。氏号泣江边，欲以身殉，惟念双亲已死，二女尚稚，遂与嫂黄氏同心守寡，初终不渝其节。"[1]421

六都黎族地区也旌表守节妇女，"烈女坊，在南黎二都。明万历间为林煌春妻徐氏立；南黎一都节孝坊，为王士琮母吴氏立；南黎一都节孝坊，为陈学藩妻郑氏立；南黎一都节孝坊，为移居琼山苍原王之宝妻莫氏立，坊现建在苍原村……节孝坊，在西昌夏水村，为廪贡生陈贵瑄之妻朱氏立；节孝坊，在西昌夏水村，为职员陈于培之妻林氏立；节孝坊，在西昌大坡村，为王燮之妻吴氏立；节孝坊，在西昌典教村，为王洋之妻黄氏立。"[1]120-121西昌即南黎一都，在南黎都有西商市，《道光琼州府志》采访册中又有西冲市，[8]413实际上二者是一个地名，商与冲以及昌在海南闽语发音一致，[15]165至清末西昌即被称为南黎一都。

《光绪澄迈县志》中记载了129名节孝女性，加之士绅的旌表提倡，节孝观念在六都黎族之中影响很广。节孝女性的出现，某种程度上稳定了黎族家庭，也对幼儿教育具有有益意义。在寡母比常人更艰辛的抚育和其节孝思想影响下，不少人走上了科举之路。"黄氏，王定纲妻，南黎一人，附生士正之母。二十四岁守节。上事父母，下抚孤子，名列胶庠。寿七十而卒。"节孝女性出现，还为失去儿子的老人提供了比较可靠的赡养保障，某种程度上有利于社会稳定。"黄氏，王定汉妻，南黎二人。二十五岁夫故。善事翁姑，和睦妯娌。乡里多为称美。学政叶详文咨部旌表节孝。"[1]428

三、同姓为婚现象减少

海南黎族婚姻不避同姓，所谓"有乘时为婚合者，父母从之，无禁婚姻，不避同姓"[1]264。但清代澄迈六都黎族婚姻圈发生很大变化，同姓通婚比较少见。根据《光绪澄迈县志》记载，在道光之前的澄迈列女中，没有同姓为婚的。

表 2　道光前列女婚姻情况[1]415-423

妻子	丈夫	丈夫身份
邱氏	陈士辉	痒生
邱氏	王吉利	监生
莫氏	王之宝	痒生
吴氏	王燮	
黄氏	王抡琪	痒生
黄氏	王宗元	痒生
徐氏	王迪吉	
莫氏	王希贤	
陈氏	王瑚	
王氏	欧贤俊	
黄氏	王发裔	
黄氏	王洋	
朱氏	王士均	

《光绪澄迈县志》中记载的道光至光绪年间 129 位节孝女性，其中与丈夫同姓的只有三位。即王业周妻王氏，"附贡生翰诏长媳，南黎一都加旦村人。年二十三夫亡。孀居自守，上事翁姑，下携子媳。享年六十一岁。"王发科妻王氏，"南黎二都槟榔园村人。年二十一岁生一子，周岁二日夫亡。孀居自守，携儿长立。享年七十二岁。"王受芳妻王氏，"南黎二都槟榔园村人。二十四岁夫亡。孀居守节，玉洁冰清。享年七十岁。"以总共 129 名节

孝妇女来看，同姓之间通婚不到 3%，比例非常低。这种异性婚姻增加，反映了澄迈黎族在定居后，在黎族士绅的影响下，逐渐接受了汉族婚姻观念，即"同姓不婚，惧不殖也"。

四、主动参与地方事务

清朝时期，六都黎族士绅积极主动参与地方事务。在兴办学校上，黎族士绅积极捐助经费在当地办学。康熙四十七年，南黎绅士集资修建了南离社学[1]107，"国朝康熙四十七年，知县高魁标、教谕蔡昌镐、训导顾兆正捐俸，同南黎绅士建南离社学于南黎嘉乐，置田供膳。"然新学官立讲院，崇师儒礼上老，勤勤恳恳于今十载，幸而文风日变，泮林有奋飞而起者，然犹虑澄地辽阔，士多散处，不获以时相聚考订经业。丁亥冬，司教蔡君告余曰："镐日至南黎加乐，凡环山聚落，人物熙穰，风俗淳美，敦乐艺文，其间林壑尤森秀者，寺之以善会名也，诸士毕集，爰进而语之：昔虞廷选举，由于乡里群贤，盍因兹寺作一都肆，合文武生童，月一再课艺，次其甲乙，量加奖异，以劝兴可乎？时诸生王子名应春、名玺、名继帝，明经李君名文炜，国学林君名子馨……余闻之，毅然捐金为之倡。司教蔡君、司训顾君暨诸绅士亦欣欣然相率捐赀，乐其事而观其成。"[1]498-499 可见，当时的知县、教谕等人只是拿出部分钱资助，大部分经费是当地黎族士绅捐助。

此外，例贡生王锡极倡捐建立了石浮社学，"又将崩塘田一丁入社学。学政金洪铨赐匾以奖曰'遗产兴学'，而分其田于县学。"[1]108 王锡极是南黎一都人，大约是嘉庆年间人。[7]254 南黎都有石浮市[1]127，石浮义学当在南黎都。

部分六都黎族后裔还关注六都之外的公共事务，南黎一都人王志英，"职理问。少年失怙，顺母爱弟，勤俭成家，慷慨过人。嘉庆六年邑令田文焘集绅士修葺崇圣文庙，英首捐数百金以襄成盛举。"[1]402 王志英捐助对象为县城崇文庙，可见其影响力已经出六都范围。

在修路修桥方面，六都黎族士绅也积极响应。"牛温桥，一曰芳徽桥，在南黎一都加乐方。金江、太平货物商家经此。女人梁氏建。……捧水桥，在南黎地方，由此以通南路黎峒遐陬，加乐绅民捐建。……南林桥，在石浮坊。长五六丈，阔五尺，北雁村王溶建造。"[1]124 其中，"王溶，南黎一人，职县丞。"[1]366

六都士绅亦积极赞助、参与地方志的修订，嘉庆地方志中，南黎五都都捐助，除了有功名的生员之外，地方上的领袖也积极参加，比如南黎一都的"乡耆王复"，南黎二都的"耆民王登文"，西黎中都的"耆民王谳"。[1]382-383

六都士绅还是地方秩序的维护者。随着澄迈黎族华夏化进程加快，国家认同加深，黎族起义次数大为减少。在明朝，澄迈黎族起义只有三次，分别是洪武二年王四官、王观平起义；洪武二十七年多简村以及洪武三十年白岭村的黎族起义。此外，在弘治十四年符南蛇起义时，澄迈一些黎族也加入其中。此后，澄迈黎族基本上没有参加黎族起义，反而是受到黎族起义的骚扰，有时还反抗骚扰，和官方一起维持地方社会秩序。

万历十六年（1581 年），符黑三起义时骚扰澄迈，"人民死者过半。副使易可久调兵征讨。有南黎一都人王绍熙，年十九岁，将娶，奉官招勇数十人，助官征战，恃力果敢，常为先导，被贼杀首存身尸在马上，走回山头岭，将至村庄一妇女问之，尸跌下马。乡人哀而殓葬，后众人禀请县主赐匾'忠烈从征'。"[1]268

咸丰年间土客冲突也波及到澄迈，[16]355-358 六都黎族士绅武装反抗，维护地方秩序。"咸丰三年，文昌洪匪首符老发在加类水、龙骨窠集众拜会，聚匪千余人来岭仑方新市驻，劫掠村庄，势惊金江、加乐，澄迈南方通境尽恐匪威。在加乐地上父老王大同、汝阶等会众议，以王克文带勇数百人往新市攻围对战，杀死贼众数十人，血流满街地。勇伤者一人。"[1]269

光绪十一年十一月廿四日，六都受到骚扰时，"地上父老王槐栋、李治唐、王克文、王桂华刻即点勇，散火药，集众会议，战势分五路防守……十二月初八日早，贼众分多半往加乐……地上廪生李治唐、团练守营附生王行德率能勇王桂华同众自蛇口赶回蛇腰合二路勇与贼对战……而地勇劲敌死战者曾业裕等二十二人，地上男女伤于山与路者八十余人……二十二人死后，地方捐输怜恤，每名发钱一百千文，众议造烈士牌二十二位奉祀在加乐市关帝庙旁舍。后冯宫保赐匾'奋勇可嘉'。"[1]271 光绪二十七年岭仑市受到骚扰时，"地上父老同练勇何学信、陈光爵、李开锦等众竭力捍御"。[1]271 可见，在维护地方秩序上，六都黎族聚集地区的士绅具有同国家契合和一致的行为，反映了其国家认同感的增强。洪武三十年后，澄迈黎族没有发生过主动参与起义的事件，也从另外一个方面反映了澄迈黎族国家认同感加强，六都黎族已然成为国家秩序的支持者与维护者。

结语

华夏作为一个政治共同体符号,大约形成在春秋战国时期,着眼于共同的礼乐文明和政治立场。[17]42-45 在澄迈黎族华夏化的进程中,科举制度发挥了重要的作用。科举制度塑造出的地方社会精英,成为社会秩序的支持者和维系者,推动和保障了朝廷的方针政策在地方得以实现。明朝中后期开始,澄迈六都部分黎族人士通过科举获得士绅身份,积极主动参与地方事务,成为地方社会精英。在这些精英的影响下,六都黎族节孝观和婚姻观发生了变化,国家观逐渐形成,华夏化深入到澄迈六都黎族之中。

参考文献:

[1]龙朝翊.光绪澄迈县志[M].海口:海南出版社,2004.

[2]张廷玉.明史[M].北京:中华书局,1974.

[3]贺喜.编户齐民与身份认同:明前期海南里甲制度的推行与地方社会之转变[J].中国社会科学,2006(6):198.

[4]吴永章.黎族土官纵说[J].中南民族学院学报(哲学社会科学版),1989(5):9—10.

[5]唐胄.正德琼台志[M].海口:海南出版社,2006.

[6]曾典学.康熙(十一年)澄迈县志[G]//康熙澄迈县志二种.海口:海南出版社,2004.

[7]李光先.嘉庆澄迈县志[M].海口:海南出版社,2004.

[8]张岳崧.道光琼州府志[M].海口:海南出版社,2006.

[9]赵尔巽.清史稿[M].北京:中华书局,1976.

[10]马镛.清代举人、贡生和监生入仕初探[J].科举学论丛,2011(1):50.

[11]张杰.清代科举家族[M].北京:社会科学文献出版社,2003.

[12]郭培贵.明代科举家族相关问题考论[J].求是学刊,2017(6):144.

［13］屈大均. 广东新语［M］. 北京：中华书局，1985.

［14］张庆长. 黎岐纪闻［G］// 岭海见闻·黎岐纪闻. 广州：广东高等教育出版社，1992.

［15］刘剑三. 海南地名及其变迁研究［M］. 海口：南方出版社，2008.

［16］刘平. 被遗忘的战争：咸丰同治年间广东土客大械斗研究［M］. 北京：商务印书馆，2003.

［17］胡鸿. 能夏则大与渐慕华风：政治体制视角下的华夏与华夏化［M］. 北京：北京师范大学出版社，2017.

海洋历史文化研究

"九八行"与南海开发[①]

冯建章　刘柯兰[②]

【内容提要】近代以来南海开发主体主要为海南东部渔民。其渔民的关系多以宗法为纽带，其主观目的是获取超额利润，属于完全"市场"行为，但客观上属于一种国家"主权"行为，促进了中国对南海的开发和利用。渔民实现高额利润和落实对南海开发利用的"渔获"销售渠道之一便是"九八行"。"九八行"最早可追溯到福建沿海一带，后随着福建移民散布于广东、广西、海南等地，乃至东南亚各国。东南亚的"九八行"终端销售模式，保证了开发南海的渔业部落，捕捞利润最大化地实现。20世纪30年代，"九八行"的东南亚销售模式，把海南文昌和琼海潭门等地渔民开发南海海域，特别是南沙海域，推向了一个高潮。

【关键词】九八行；三沙；渔民

展开南海海域地图，我们不禁会问一个问题，为什么南海渔民不在近海捕鱼，要奔赴千里之外的远海，押上个体性命，家庭幸福，甚至整个家族的未来去捕捞呢？其动机主要有两个，一是"发财"，二是充分利用"祖宗海"。对于南海渔民来说，南海就是一张令人欲罢不能的赌台。历史上，南海海域的开发离不开海南渔民，特别是海南文昌铺前、清澜，与琼海潭门的渔民。这与海南东部沿海土地之稀缺、家族之宗法、近海类似于三沙海域珊瑚礁盘之环境、移民传统开拓之精神、闽粤混用造船与航海之技术、《更路簿》之导航、物候定位之经验、"九八行"销售之交易、近世东南亚之开发等不可分割。

海南渔民远赴三沙作业一般都是两艘以上的船"联帮"[③]出海。船队在

---

① 基金项目：国家社会科学基金青年项目"国内《更路簿》及其研究成果的英译研究"（项目编号21CWW002）。

② 作者简介：冯建章，三亚学院副教授；刘柯兰，海南热带海洋学院学生。

③ 一般都是两艘以上的渔船一起出海。

南沙海域作业完之后，会在"头家"①的组织安排下，派遣3至5艘渔船负责运送诸如鱼干、红海参、红珊瑚、公螺、公螺壳以及其他干货，远去东南亚各国销售。在东南亚，"九八行"是海南渔民常用的一种销售模式。②经济学常识告诉我们，没有消费就没有生产。"九八行"作为一个相对终端的销售环节，对于海南渔民开发利用三沙海域"超额利润"的实现，起到了至关重要的作用。20世纪30年代，"九八行"的东南亚销售模式，把海南渔民开发三沙海域，特别是南沙诸岛，推向了一个高潮。

20世纪80年代去过新加坡销售海产品的潭门渔民，还依稀记得新加坡河沿岸的"红房子"，那里有很多华人开设的"九八行"。

一、关于"九八行"

（一）何为"九八行"

人类的行为模式，总是先有其实，后有其名。"九八行"也应是如此。人类的经济行为，随着"货币交换"替代"物物交换"，出现了一种"坐贾"的"代销"模式，"九八行"即是其中之一。

"九八行"主要出现于交通枢纽地区，特别是水路枢纽中心地带。福建、两广、海南等沿海纵深多山，因雨水较多故，入海之大川大河与水乡泽国差互交错。又因为水路便于大宗土特产的运送，甚至林木都可"放排"③而下，自然形成了许多货物集散地。"九八行"便是其中自然而然形成的以土特产为主要代销商品的贸易样式。这种销售样式突破了庙会之"时限性"，它可以持续性地销售，实现商品销售的充分化。

"九八行"其名的出现最早应该是在福建。福建经济史上多有记载，比如早年的福州、莆田等地方志。"九八行"贸易样式随着两广、海南与东南亚的开发，随着福建南下移民而渐次流布各地，近世逐渐成为南海沿海地区一种极为重要的商品销售样式。"九八行"也成为华人流落他乡后，成本低

---

① "联帮"出海，带头的那条船。

② 王利兵：《作为网络的南海——南海渔民跨海流动的历史考察》，载《云南师范大学学报（哲学社会科学版）》，2018年第50卷第4期。

③ 木材水运的一种方式。将木材用藤条、篾缆、钢索等索具编扎成排，在水中顺流漂下，以进行木材运输。

廉的一种"投资"谋生模式。即所谓"有海有岸就有九八行"①。

后世史料和学者对"九八行"也多有记载，但也只是记载，深入研究者少。关于其释义，比较准确的是，"这是一种代理行业，即客商带货物上岸后，由'九八行'提供场地销售和饮食起居等服务，货物成交后从中提成作为报酬，卖 100 元的货，代理商获 2 元，货主获 98 元，因此叫作'九八行'"②。这段文字中的"代理"与"提成"二字充分体现了"九八行"的特点。但这一"卖 100 元的货，代理商获 2 元，货主获 98 元"的分利模式也只是一种"理想"，实际上客商与"九八行"如何分利，会根据货物品种的特质、店铺的地理位置、季节、常客与短客等要素进行具体协商。最后的分成比例是谈出来的，主要集中在 2∶98、3∶97、4∶96、5∶95 等几种，更高比例分成的也有，"九八"仅仅是一种统称。但总体而言，"九八行"销售因为没有太多投资，相对于其他销售模式，属于一种小本生意的薄利模式。在香港也出现过"九八银行"，那是另一个概念，但与"九八行"有一定的渊源。

（二）福建史料中的"九八行"

福建历史上的"九八行"奠定了后世"九八行"的基本特质，比如以土特产、代销、九八分成、水路交通枢纽等为特点。福建闽江流域包括闽西、闽北和闽东一些县份的土产，均以福州为主要市场，如连城、永安、沙县、南平、尤溪、古田、闽清等县，这些县份的土纸、香菇、笋干、松香、烟叶、药材、棕皮、茹榔、建莲、红糖、干鲜果，以及连江、长乐、罗源等县所产的咸干海味、红糖等等，从远近各异的产地通过水路来到福州，大都通过"溪行"代销。这种"溪行"，习惯上就通称为"九八行"。③

福州的"九八行"早在清乾隆年间业务就很发达。那时的"九八行"，就有抽三分至五分利的，还附有香金④、贴水⑤等行规费，但以按照"九八"分成较为普遍。随着"九八行"及经营规模的扩大和客户的增多，"九

---

① 海南文化研究专家石梁平对"九八行"的评价。

② 赵爱华、蔡蓓主编：《骑楼百年之骑楼故事·出走上海滩》，海口：海南出版社，2014 年，第 102—103 页。

③ 福州市工商业联合会主编：《福建工商史料（上册）》，内部发行，1989 年，第 56 页。

④ 施给寺庙的赞助费用。

⑤ 调换票据或兑换货币时，因比价的不同，比价低的一方补足一定的差额给另一方。

八行"投资人会逐渐升级销售模式，甚至涉足其他产业，比如金融、工业、矿业、种植业等。"九八行"是一个历史概念，20世纪50年代之后，逐渐消失在福建人的记忆中，但其历史贡献不可磨灭。①

（三）海南"九八行"

福建人移民海南是一个渐次南移的过程，多是从福建移民到两广，再移民到海南，在海南省内也有完成二次、三次，甚至多次移民。移民的原因也形形色色。宋代和明清有大量福建移民因当官、驻军、经商等原委，先后留居海南。但海南有关"九八行"的文字记载集中于清末民初。

清末民初，海南的一大奇观就是"回侨"在各地建造了很多骑楼，如海口、文昌、儋州、三亚崖城等地。各地骑楼多以商业为主，"九八行"是一种必不可少的门店。杨家和在《清末民初海口的"五行"及其"会馆"》一文中，曾提到清代撤除海禁之后，海口港门骑楼形成了"福建行""潮行""广行""南行"②和"高州行"等"五行"。③特别提到一个叫张徽五的商人，他是"福就号"的大当家，曾当过一任市商会的会长。而其经营，主要为"九八行"，"海口市商会历届主持人……张徽五，原籍福建，开设'福就号'于得胜沙路，时人多称他'福就二爹'"；杨家和在《海口市商会的回顾》一文中也提到过"九八行"，"'海口市商会'三十年代末期，发展至一千余户。在各行各业中，规模较大、资金较多的如……九八行业——符森记、顺昌号、河源号、王福全、振安号等"④；海口"传奇女商人"吴玉琴也经营过"九八行"⑤；梁建绩创建的"安记"，位于水巷口、博爱路和中山路的交会处，是20世纪30年代海口诸多"九八行"中著名的商号之一。著

---

① 福州市工商业联合会主编：《福建工商史料（上册）》，内部发行，1989年，第56页。

② 而所谓"南行"，指的是海南籍商人所经营的商号。商业方面，他们以经营土特产进出口、布匹、百货、旅店、茶楼酒馆等为主。

③ 杨家和：《清末民初海口的"五行"及其"会馆"》，见黄行光、冯仁鸿、陈勤忠《琼崖文史集萃》，香港天马图书有限公司，2003年，第328页。

④ 杨家和：《海口市商会的回顾》，见黄行光、冯仁鸿、陈勤忠《琼崖文史集萃》，香港天马图书有限公司，2003年，第334页。

⑤ 吴侃：《探访海口骑楼老街：这里有浓浓的"侨味"》，中国侨网，2019年5月16日，http://www.chinaqw.com/qx/2019/05-16/222871.shtml。

名的还有"旭记庄""齐记庄""和记庄"等；担任过"日据"时代海口商会
会长的陈礼运，"1948 年满怀期望回到海口准备大干时，他手上的钱已经不
值钱了，家业从此中落，最后只能经营当时海口很时兴的'九八行'"[1]——
从中可见"九八行"具有"时兴""小本生意"的特点。"梁安记"是 20 世
纪 30 年代海口"九八行"的代表，其生意遍及南洋以及大陆，海南省博物
馆复制的骑楼有其身影。一个老铺号、一本账本、一个家族，浓缩一个百载
时代。

　　抗战胜利后，运往海口的各县土特产日益增多，许多小型的代理行不断
涌现。这些代理行多由各县农户、商贩组成。当时对代理行一般都称"行
家"，以其代理的主要土特产，分为"赤糖行家""槟榔行家""生猪行家"
等。在这些小型的代理行中，当时较著名的有"万兴和""合丰行""祖安
号"等商铺。这些商号都属于一般意义上的"九八行"。与此同时，包括
"南华行""南生庄"等在内的新的土特产运销商也纷纷设立，它们争相购买
土特产，将它们源源不断地销往广州、香港、上海、天津等地[2]。这已经突
破了"九八行"的销售模式。至今，一些海口老市民还隐隐记得，民国时博
爱路卖布的商铺较多，中山路的旅馆和咖啡店较密集，得胜沙则以"九八
行"居多。

　　随着 20 世纪 50 年代合作社的兴起，导致"九八行"逐渐消失。1960 年
后所生的海口人，乃至海南人基本没有了"九八行"记忆。但在琼海潭门渔
民的记忆中还能偶尔听到"九八行"，或是新加坡铁皮做的"红房子"等相
关词汇[3]。

二、海南渔民记忆与史料中新加坡的"九八行"

　　对新加坡"九八行"有记忆的渔民，集中在文昌铺前、清澜，以及琼海

　　① 赵爱华、蔡葩主编：《骑楼百年之骑楼故事·出走上海滩》，海口：海南出版社，
2014 年，第 213—215 页。
　　② 符王润：《九八行旭记、远东公司 海口老字号见证昔日繁容》，海口网，2012 年
8 月 6 日，http://www.hkwb.net。
　　③ 海南潭门日新排港村林兴文船长曾经提到过新加坡的"九八行"和铁皮红房子。

潭门。"驰岛"①级渔民记忆尤深，因为"九八行"是三沙海域渔获价值实现的保障，共构了其财富获取系统。

（一）海南渔民记忆中的"九八行"

潭门老船长陈在川在其回忆中提到过"九八行"："以前家庭贫困，多是在船上给别人打工，十八岁时我就随南截坡彭正楷船长去南沙作业。那是一只仅十吨的木帆船，全船员工共二十二人，捞得海货后就运去南洋'九八行'卖，然后再买些必用品就驰船回海南岛。"②

在文昌流传着一个大船主黄学校发财致富的故事。他的故事与"九八行"分不开，跟一个叫黄卓如的"九八行"经纪人分不开，跟可做飞机高级涂料的公螺壳分不开。

1900年前后，黄学校跟普通的老渔民一样，开始到三沙捕捞。一般是从深海捕到海产品后取肉晒干，把所得海参、鱼翅、蚝干、螺干等运到新加坡"九八行"黄卓如处去卖。有一次黄学校在新加坡某商行里看到从印度洋运来的公螺壳，每100司马斤（古代重量单位，相当于1.21市斤）值光洋100多元。当时，三沙海域作业的海南渔民一直把公螺壳当作废料扔弃。黄学校与"九八行"经纪人黄卓如商议后，就开始收购并逐渐垄断了三沙诸岛公螺壳转运到新加坡的贸易。随着资本越来越大，黄学校自己买了"盛兴号""保安号""和安号"三艘木帆船来做公螺壳贸易，后来文昌与潭门的五六十艘船也加入该贸易中。黄学校一直做到20世纪30年代中期，至少净赚了30多万银元。③这在当时，无论哪个行业都属于巨富。

黄学校的公螺壳贸易，把海南渔民三沙海域作业推向了一个高潮。但这背后新加坡的"九八行"功不可没。

（二）新加坡史料中的"九八行"

华人"九八行"之所以能植根新加坡，跟新加坡开埠既定的"自由贸易

① 海南文昌、潭门人对船长的称呼。
② 周伟民、杨卫平：《风帆岁月》，海口：海南出版社，2019年，第137页。
③《从新加坡河开始 探寻潮社演变》，潮州广播电视网，http://www.czbtv.com/msxw/msxwtj/t20120121_80789.htm。

港"政策有关。1819 年，英国殖民地爪哇总督莱佛士代表英国东印度公司向柔佛苏丹租借了新加坡，并制定了"自由贸易港"的目标，"我们的目标不是领土而是贸易，一个商业中心"①。为了实现这个目标，殖民政府制定了"任由各船舶往来贸易，而且免税，一视同仁"②的贸易政策。这为华人新加坡淘金打开了大门，也为"九八行"贸易模式打开了方便之门。

在此背景之下，华人大量涌入"新洲"③。19 世纪 20 年代初，新加坡岛上仅大约有 1000 个居民，其中包括一个约 30 名中国人的小渔村；1823 年，新加坡人口增至 1 万余人，其中华人 3317 人；百多年后，1931 年新加坡华人增加到 418640 人，占新加坡总人口的 77.8%。④

新加坡华人多来自福建、广东和海南等中国南部沿海省份。华人带来了许多贸易样式，其中就包括以"土特产""代销""低投资""低利润"等为特质的"九八行"贸易。说到新加坡的"九八行"，华人中从事该行当最多的为潮州人，主要做进出口贸易，如粮食、饲料、胡椒、棉等。新加坡潮安会馆的黄铁汉一度以做"九八行"最为有名。琼侨中从事"九八行"的也不少。据 1929 年对新加坡约两万名琼侨的调查发现，商业方面，有 513 家琼侨商店，最多的六种商店依次为：咖啡店 174 家、汇兑民信局 63 家、"九八行" 51 家、沽酒和饭店 46 家、面包水果杂食店 43 家、杂货店 29 家等⑤。琼籍侨民做"九八行"，有的是滞居新加坡的渔民。这些或因病，或因家庭原因，或因其他原因留居新加坡的渔民，在新加坡河两岸建造了铁质的红房子，为三沙海域捕捞做海货特产销售服务。

东南亚其他国家，如泰国、越南、马来西亚等，从理论上来说也应该有华侨投资的"九八行"，但缺少资料支撑。

---

① 康斯坦斯·玛丽·藤布尔：《新加坡史》，上海：东方出版中心，2013 年，第 33 页。

② 康斯坦斯·玛丽·藤布尔：《新加坡史》，上海：东方出版中心，2013 年，第 33 页。

③ 华人对新加坡的旧称。

④ 赵全鹏：《南海诸岛渔业史》，北京：海洋出版社，2019 年，第 140 页。

⑤ 苏云峰：《海南历史论文集》，海口：海南出版社，1992 年，第 220 页。

三、"九八行"与三沙之开发

（一）渔民开发三沙之目的

有学者提出"古代南海诸岛渔业史的非渔业性"特质。在中国传统社会，三沙渔业其实并非去捕鱼，而是去采捞珊瑚、珍珠、紫贝、玳瑁、海龟、砗磲、燕窝和鸟类等物产，因为这些海洋物产在农业文明时期的华夏社会中属于宗教珍宝或奢侈品，有许多是所谓的"海味"，其中珊瑚、珍珠、砗磲属于佛教的七宝中的三种，皆有需求大、高利润等特点。超高的利润驱使着海南沿海地区的"海洋部落"冒着身家性命出海捕捞。

就三沙海域潜水捕捞技术而言，拥有该技术的主要为潭门渔民；就三沙《更路簿》而言，拥有最多数量的还是潭门的"驰岛"；就发财致富而言，还是潭门的渔民获利最大，这从潭门孟子园老宅子①可以看出来。三沙的开发史是一部和着血泪的生命史，一部奢侈品史，也是一段"九八行"刻骨铭心的贸易史。

（二）东南亚在三沙开发中的重要性

按照市场逐利的原则，近代以来东南亚各国对三沙海域的开发，"南沙"的开发具有决定性意义。三沙海域的开发经历一个由西沙、中沙再到南沙，由近及远的渐进开发过程。海南渔民在深度开发南沙海域之前，应该已经有本地渔民移民新加坡。也就是说这些渔民在开发南沙海域之前，已经了解到了新加坡市场的需求。他们在捕捞时会根据当地市场需求有针对性地捕捞，甚至有出海之前已经与收购者签订销售合约者。②

新加坡是吸引海南渔民在三沙诸岛采捞海参、公螺等物产的重要市场。这从《更路簿》的"线路"可以看出。海南渔民现存三十多本《更路簿》的《南沙更路篇》中至少记载了 3 条从南沙群岛到新加坡的航线：第一条从西头乙辛经越南罗汉湾头南下；第二条从单节线、墨瓜出发，经印度尼西亚纳土纳群岛的浮罗利郁、浮罗丑末、宏武窑抵达新加坡；第三条从鸟仔峙和西头乙辛直驰地盘（即马来半岛南端东岸的潮满岛）、东竹、白石鹤灯，再到

---

① 该宅子是 1973 年台风后潭门少有的未被破坏的建筑之一。
② 赵全鹏：《南海诸岛渔业史》，北京：海洋出版社，2019 年，第 183 页。

新加坡港。^①

新加坡是一个自由贸易港，管理新加坡殖民地政府的宗主国是英国。流转于新加坡的货物，很大部分会进入欧洲市场。欧洲市场的大量需求一度替代了中国内部社会对海洋奢侈品的需求，这一点对于三沙，特别是南沙的开发极为重要。三沙渔业开发的外部环境主要涉及以下三个方面：其一，华夏社会对海洋珍宝的巨大需求；其二，海上丝绸之路的开通为南海诸岛渔业开发提供了技术条件；其三，国外朝贡和贸易的刺激。^②1840 年之后中华帝国积贫积弱的现实，导致了华夏社会内部奢侈品消费严重不足，东南亚的开发所联通的欧洲消费市场弥补了旧有内部市场的式微。东南亚各国"九八行"的贸易范式保证了外部市场的实现。

渔民在东南亚销售完渔获后，会购买欧洲的工业产品回销海南各地。这一境况可以从香便文记述于 19 世纪 80 年代的旅游日记《海南纪行》里看到，"清晨，我们发现已经到了嘉积镇外的码头。从码头步行到客栈，我们差不多走了 1 英里，因此我们对镇子的规模有了一些概念。嘉积镇无论在大小还是重要性上，即便不是等于也是仅次于海口。两条主街道交成直角，形成了一个 T 字形，主要的店铺都在这里了。还有许多小街从两条主街上扩展出去，遇上赶集的日子，流动商贩们就在这里摆摊设点。集市上人山人海，数以千计的人挤满了各个角落，你能想到的各样物品，这里都有卖。从松鼠、长尾小鹦鹉、野生藤蔓，到火柴、廉价香水以及从遥远的西方运来的各种小玩意儿"。^③"火柴""香水""小玩意"等这些一般都是潭门渔民从东南亚带回来销售的洋货，在潭门孟子园的老宅子还可以见到"水泥"砌的墙体，当地至今还使用着"水火"（煤油）这样颇有南洋风味的词汇。

（三）"九八行"在三沙开发中的地位

帆船时代，潭门渔民每次于三沙诸岛作业完成之后，都会选择将一部分

① 何纪生：《海南岛渔民开发经营西沙、南沙群岛的历史功绩》，载《学术研究》，1981 年第 1 期。

② 赵全鹏：《南海诸岛渔业史》，北京：海洋出版社，2019 年，第 2 页。

③〔美〕香便文：《海南纪行》，辛世彪译，桂林：漓江出版社，2012 年，第 152 页。

海产品运到东南亚诸国销售。由于渔民本身文化程度不高，对东南亚国家文化和市场又不熟悉，且在语言上存在障碍，所以渔民们经常会将海产品委托给侨居当地的琼籍华侨"九八行"代为销售，或是通过当地华侨的介绍和帮助进入当地市场亲自销售——最后又可能会开设新的"九八行"。

随着新加坡自由贸易港的兴起，世界各地商人来到了新加坡，在新加坡河两岸建了很多房子。其中有一部分为华人所造，其中就包括"九八行"。这些"九八行"在河的一边交易，对岸就是用以仓储的库房。琼籍华侨开设的"九八行"也不少，大概有以下四种原因：其一，琼籍华侨移民较晚，所以只能从事一些"边缘性"职业；其二，移民职业的地缘分野，使他们难以进入福建帮、客家帮、广府帮等侨帮的产业圈，只能从事低利润行业；其三，职业所具有的身份性与归属感，也使他们难以进入其他行帮；其四，琼籍侨民的经济实力较弱，而"九八行"具有"资本"少的特点，正所谓"本钱如鹿尾"[1]，意为一点点，因为鹿的尾巴又小又短。但也不局限于以上四种原因。

"九八行"沟通了东南亚与海南文昌、琼海，特别是潭门的贸易。潭门渔民每次从三沙下南洋都会选择鱼干、红海参、公螺肉、蚝肉、鱼翅和公螺壳等海货，而其他诸如砗磲肉、海龟、白海参、黑海参、鸟干等海货，加上购进的水油（煤油）、轮胎、衣物、肥皂、糖果等生产生活用品，则会被拉回嘉积、博鳌、潭门等地的墟市上出售，以此赚取差价。[2]海南渔民到三沙海域的一个航次，基本实现了两次贸易赚取超额的机会。当然，海南渔民在东南亚各国的销售终端，也不仅仅限于"九八行"，也有直接卖于商行的，也有自己走街串巷叫卖的，还有直接与当地妇女进行交易的——因为在东南亚很多国家和地区都有妇女参与贸易的传统。[3]

纵观历史，"九八行"具有"渔业叙事""商贸叙事""边疆叙事"和"主权叙事"的特性。"九八行"是海洋丝绸之路不可或缺的部分，它保证了

---

① 苏云峰：《海南历史论文集》，海口：海南出版社，1992年，第220页。

② 王利兵：《作为网络的南海——南海渔民跨海流动的历史考察》，载《云南师范大学学报（哲学社会科学版）》，2018年第4期。

③ 王利兵：《作为网络的南海——南海渔民跨海流动的历史考察》，载《云南师范大学学报（哲学社会科学版）》，2018年第4期。

海南渔民开发三沙海域超高利润的实现，它促进了三沙诸岛的开发，它是中国当代海洋文化研究绕不开的一个"话题"。

清末民初北海的疫病与防治

——基于1882—1931年五期《中国海关北海关十年报告》的考察

刘盛平[①]

【内容提要】《中国海关北海关十年报告》是北海开埠以来最重要的一部史稿，由外籍海关工作人员用英文撰写而成，记录了清末民初北海经济社会发展各个领域的情况，其中包含了许多与"疫病"有关的资料，通过对这些资料的梳理与考察，可以了解到清末民初北海疫病的暴发和流行情况及当时"新旧并存"的应疫方式。

【关键词】《中国海关北海关十年报告》；北海；瘟疫；医院

一、引言

"疫"是中国古代对疾病的称呼，其中流行性传染病称为"瘟"，或者"瘟疫""时疫""疠疫"，其包含的种类多样，有天花、鼠疫、霍乱、痢疾、疟疾、结核病等等。瘟疫的流行不仅危及个人生命健康，同时也深刻影响历史的发展进程。20世纪八九十年代以来，随着社会史的兴起，史学界开始关注历史上的疫病问题，既有疫病史的整体性研究，也有区域性研究，并以区域疫病史研究最为突出。一些学者针对岭南特别是两广地区的疫病开展研究，取得了不少研究成果[②]，有关清代及民国时期北海及周边地区的疫病问

---

① 作者简介：刘盛平，南宁师范大学副教授，著有《〈更路簿〉视角下的广西北部湾传统海洋文化研究》（云南大学出版社2022年版）。

② 岭南及两广疫病史研究成果可参阅：李永宸、赖文《岭南瘟疫史》；唐振柱和董柏青《清代广西疫病流行病学初步考证分析》；张玉莲《论近代广西疫病流行与边疆开发的关系》；郭欢《清代两广疫灾地理规律及其环境机理研究》；石国宁《民国时期两广地区疫灾流行与公共卫生意识的变迁研究》和李华文《民国时期两广地区的疫病与防治》等著作和论文。

题其中或多或少有所涉及。不过，总体而言，已有研究尚不够深入细致，具体表现在以下两个方面。一是从地域范围来看，已有研究的地域虽然囊括了北海，并非专门针对这一地区而开展，故而论述比较简略；二是从史料的利用来看，已有研究主要是基于方志、报纸、年鉴等中文文献展开，由西方人用英文撰写的有关史料尚未得到重视和利用，这都为本文的研究留下了空间。

本文采用疫病社会史的研究视角和方法，专以清末民初北海及周边地区疫病流行与防疫问题为研究对象，通过对《中国海关北海关十年报告》中有关材料进行梳理，以借镜时人如何在"新旧并存"的历史情形下应对传染病流行，从而探究传染病防治与社会之间的关系，从一个侧面展现北海近代社会文化的转变历程，同时也弥补区域疫病史研究的不足。

二、北海开埠与《中国海关北海关十年报告》的历史背景

北海，是全国 14 个沿海开放城市之一，也是北部湾城市群、广西北部湾经济区重要节点城市。历史上，北海曾属广东省湛江专区（地区）管辖。1876 年，中英《烟台条约》签订后，北海被迫对外开放，并被开辟为通商口岸。1877 年 4 月，北海关设立，这是广西最早建立的海关，虽名义上为清政府所设，但海关内所有要职均为洋人担任。这是因为清政府根据与英、美、法等国签订的《通商章程善后条约：海关税则》的规定，推行在上海建立的由外国人代管海关行政的税务监督制度，在全国海关普遍设立税务司管理对外贸易和征收关税。这一时期的海关成为了一个由外国人控制的特殊机构，海关总税务司的职务被外国人把持了近半个世纪之久，内部文书通用英文。就北海关而言，自光绪三年（1877 年）至民国三十一年（1942 年）的66 年间，先后有英、美、法等 10 个国家的 48 名外国籍人员充任北海关正、副税务司。当时的总税务司署将各埠海关每隔十年必须送交的通商口岸的相关报告（英文名为《Decennial Reports》，即"十年报告"）汇编成册，予以刊行，共五期，历时 50 年，各期的时段分别为：1882—1891 年、1892—1901 年、1902—1911 年、1912—1921 年和 1922—1931 年。这些报告以西方人的视角，采用纪实性的手法，以跟踪报道的方式记录了各口岸所在地长达 50 年的历史变迁，内容除了海关本身的各项业务报告外，还记录了通商

口岸城市十年内的社会发展概况，涉及所在城市及其周边地区的政治、经济、军事、交通、卫生、医疗、文化、宗教等各个领域情况。

《中国海关北海关十年报告》（以下简称"十年报告"）是这一系列十年报告的组成部分，均用英文写成，各期的写作风格因人而异，其中前四份的签发人分别为 Frcancis W. White，Paul H. King，James Acheson，H. Logan Russell，第五份的签发人不详。"十年报告"被认为是北海开埠以来最重要的一部史稿，具有十分重要的史料价值，其中文翻译本2006年被收录在北海地方志编纂委员会编纂的《北海史稿汇纂》一书中。本文所论及者，即指这一版本。

需要指出的是，"十年报告"的外籍作者（以下简称"作者"）虽然站在旁观者的立场，对当时北海的疫情及卫生状况进行了较为细致的观察和记录，但这些作者或多或少持有一定的民族优越感，记录中"污秽""肮脏"等词汇多次出现，字里行间流露出鄙夷之情，带有十分明显的"中国人不讲卫生"之类的批评与指责。对这些记录的引用并非表明本文作者赞同这些观点。

三、"十年报告"清末民初北海疫病流行之记载

为便于下文对清末民初北海疫病问题进行分析，本文先从"十年报告"中辑出有关记录，制成《清末民初北海疫病流行简况表》（表1）。

表 1　清末民初北海疫病流行简况表

序号	时间	疫病类型	流行范围	危害程度	备注
1	1882年4月开始	传染性鼠疫	北海、钦州、廉州	引起各界的普遍惊慌，人畜大量死亡。J. H. Lowry 在1882年对北海口岸的医药报告中估计：25000居民中有4000—5000人死亡	1882年侵袭北海的瘟疫是历来最轻微的一次，邻近国家从来没有享受过完全免疫
2	1894年4月份	疫病（具体病种记录不详）	北海及其附近	非常严重，一直延续到6月	/

（续表）

序号	时间	疫病类型	流行范围	危害程度	备注
3	1894 年	疫病（具体病种记录不详）	北海，广州和香港疫情也普遍流行	干旱和疫病很厉害的一年	疫病也是常常与灾害伴随出现
4	1895 年 3 月	麻疹	北海	严重	但外国居留者不曾染上
5	1895 年 7 月	瘟疫和霍乱	北海市区和附近	/	7 月份特大暴雨在 72 小时内水深 12.27 英寸
6	1896 年 5 月	瘟疫	北海	大流行	5 月 14 日居民抬菩萨游行，此后瘟疫不再出现
7	1898 年 3 月和 4 月	淋巴腺鼠疫	北海	/	地角村情况最坏，村民全部迁到郊外开旷地点，暂时露宿，一直到 7 月，病疫过去后才重回家门
8	1898 年 11 月	禽畜泻痢	北海、廉州	禽畜大量死亡	/
9	1900 年 5 月	麻疹	北海、廉州	不严重	/
10	1901 年 3 月	轻微的麻疹	北海	不严重	外国人都没染上
11	1901 年 3—6 月	其他的疫病（具体病种记录不详）	北海、廉州	不严重	/
12	1905 年上半年	流行病（具体病种记录不详）	北海	/	上半年太和医局经常都有两个医生诊病，可是下半年便只有一个了
13	1902—1911 年的大多数年	鼠疫	北海	或大或小程度上发生	/

（续表）

序号	时间	疫病类型	流行范围	危害程度	备注
	份的春季和初夏				
14	1907年	疫病（具体病种记录不详）	北海	夺去了大量的牛，这就是皮革出口增加的原因	/
15	1910年	天花	北海	造成许多人死亡	这年是大旱年
16	1910年	鼠疫	北海、廉州	猛烈流行，许多人受害，单在北海就夺去了1000人以上的生命	/
17	1912—1921年的早期	鼠疫和霍乱	北海	比往常发生得较多	/
18	1912年12月到1913年5月	鼠疫	北海	发展异常猛烈，死亡是严重的，本城镇的一些住宅区的居民几乎死光	/
19	1914年秋	牲畜瘟疫	北海	农民损失惨重，他们很大程度要靠公牛进行耕作和拉曳	/
20	1916年8月	霍乱	北海	造成的死亡率是高的	/
21	1916年	流行性传染病	北海	使得1917年大量母猪死亡，影响到仔猪的繁殖	/
22	1922—1931年	天花	北海	/	英教会医院和法国医院即行施种牛痘，以事预防
23	1925年夏	瘟疫	安铺、北海	/	/
24	1926年春	传染病（具体病种记录不详）	廉州	/	/

（续表）

序号	时间	疫病类型	流行范围	危害程度	备注
25	1926 年 6 月	霍乱	北海	/	/
26	1928 年夏	霍乱、黑死病	北海	/	/

从以上表格可以看出，5 份"十年报告"中有关疫病的记录有 26 处之多，在半个世纪的时间跨度内，没有疫情发生的年份十分罕见，这样的频次表明当时北海一带传染病猖狂肆虐，疾病种类包括鼠疫、霍乱、天花、麻风、麻疹等多种，春夏季多发。各种传染病在北海城内与周边县市间交叉传染，有时是人畜共患，当时北海之疫情表现出循环往复、此起彼伏的规律，且致死率高。

四、"十年报告"反映清末民初北海疫情多发之原因

除了对当时疫情的流行情况进行记录以外，作者也对疫病流行的原因进行了分析，这其中既有作者自己的见解，也有对当时在北海的西医的观点的引述。

1. 地理和气候影响

北海所在的岭南地区气候炎热潮湿，山林茂密，适合致病病原体的滋生，自古被称为"瘴疠之地"，是疫病的高发区。现代医学研究表明，气候条件对鼠疫等流行病的发生及其流行季节的变化有密切关系。北海地处北回归线两侧，背山靠海，属于亚热带湿润的季风气候。这里适合的气象条件（包括温度、湿度等）对鼠疫菌宿主如啮齿动物及其体外寄生蚤等的生长繁殖有重要的作用。作者已经认识到了这一点，指出了北海的疫情与不同时期的气候转变之间的关系："1882 年的那次传染性鼠疫，3 月尾开始发生，继续蹂躏，一直到 8 月才消失。3 月中旬，气温开始上升，4 月中旬下了一点雨，空气潮湿，气温再渐渐上升，至 4 月底，白天温度华氏 85 度，晚上 76

度。这种病4月中旬至5月中旬最严重。"[1] 再比如，作者引述外籍医生Rowly的看法："我已经讲起干燥的冬季问题，室内浸透了粪便等污物，气温回升时，疾病开始露头，气温继续升高及下雨，疾病就蔓延开来了。"[2] "对于1882年的瘟疫，在我的评论中谈到干旱的冬季问题，我要指出，在瘟疫来到的上一个冬季是长期干旱的。人们对我说，瘟疫在多雨的春季最易流行，但总是在六月底消失。现在我看来，由于雨量太小，地面的垃圾及污物没有洗净的机会，街道上由于担水经常是湿湿的。……最后瘟疫随着气温的升高而爆发了。"[3] "如前所述，这年（1910年）是大旱年，正当5、6、7月，正是太阳最热的时候，需要大量的水份，而总降雨量却小于9英寸，这就无法冲洗街道和水沟，病菌因而得以自由滋生繁衍。"[4]

2. 住房条件简陋

一般而言，疾病容易在贫困地区肆虐，因为这些地方的住房条件普遍差，缺少卫生设施，环境脏乱差。清末北海普通民众生活贫困，很多人以杂粮充饥，营养不良，且吸食鸦片成风，居住条件很差，室内阴暗潮湿，卫生条件恶劣，粪坑垃圾遍地，适合老鼠跳蚤孳生，所以疫病连年不断。对于这一点，作者亦有记录：清末北海的"房屋几乎都是竹篱和竹瓦盖的"[5]。"即使最漫不经心的观察者亦能见到墨绿色像油一样的浓浓污水从室内流出，在室内你能见到地面与墙根均有污水。"[6] "他们的住屋仅是茅棚，住屋地面低于街道，下雨时污物流入屋内排不出去，屋较好的居民亦同样遭难。鼠疫先传染给家畜及虱类，再就到人类。"[7]

---

① 北海市地方志编纂委员会编：《北海史稿汇纂》，北京：方志出版社，2006年，第27页。

② 同上。

③ 同上。

④ 北海市地方志编纂委员会编：《北海史稿汇纂》，北京：方志出版社，2006年，第60页。

⑤ 北海市地方志编纂委员会编：《北海史稿汇纂》，北京：方志出版社，2006年，第43页。

⑥ 北海市地方志编纂委员会编：《北海史稿汇纂》，北京：方志出版社，2006年，第27页。

⑦ 北海市地方志编纂委员会编：《北海史稿汇纂》，北京：方志出版社，2006年，第26页。

3. 公共卫生环境差

就晚清在北海的西方人的观感而言，卫生与否最直观的印象莫过城市的环境卫生，特别是街道卫生情况，"十年报告"中这方面的描述有多处："市镇仍然十分肮脏，疫病极易流行。"[①] "市镇的两条街道是没有铺砌的，在坏天气时常常难于通行。"[②] "几乎完全没有什么迹象表明北海有卫生部门存在，虽然它还不像这个共和国的许多其它地方那样肮脏、多病。这个缺乏卫生管理、街道臭气熏天、居民较通常缺少卫生清洁习惯的城镇，每年都有可能发生传染病；也有靠着上帝的保佑而避免了这种严重的自然灾祸的年份，但这并非由于采取了任何卫生预防措施所致。"[③] "街道上唯一经常可见的'清道夫'是猪，也许本地居民更多地感谢这种动物繁衍污物的能力而不是它清洁街道的能力。"[④]

作者特别指出，当时有西医认为北海具有兴建良好的城市排水系统的自然便利条件，如果能加以好好利用，可以减少疫情发生："Deane 医生在 1899 年 10 月至 1900 年 3 月的卫生报告中所说的使人深感兴趣，他说，中国最清洁的城市，是那些具有一个天然水源，成年累月在街道的水沟里长流不息。很少有这种情况的城市，但北海却具备有这种条件，天然水源随手拿到，城市紧靠海边，沿着海岸有三条或说四条街道平行走向，和几条横街，而且是建筑在一比二十倾斜指向海岸，从东到西也略为倾斜。因此，水流可从街道东端向西流和由南流向北流入大海。现在人们如果能够聘请一个水利工程师或技师去建设一个沿着街道流动的水源，以及若干清道夫保持道路清洁，那么北海就会很少听到疫病流行的消息了。"[⑤] 作者还认为，当时在北海生活的西方人有一定规模，他们具有较好的卫生意识，也有较大的社会影响

---

① 北海市地方志编纂委员会编：《北海史稿汇纂》，北京：方志出版社，2006 年，第 42 页。

② 北海市地方志编纂委员会编：《北海史稿汇纂》，北京：方志出版社，2006 年，第 43 页。

③ 北海市地方志编纂委员会编：《北海史稿汇纂》，北京：方志出版社，2006 年，第 73 页。

④ 北海市地方志编纂委员会编：《北海史稿汇纂》，北京：方志出版社，2006 年，第 73 页。

⑤ 北海市地方志编纂委员会编：《北海史稿汇纂》，北京：方志出版社，2006 年，第 42 页。

力和话语权，但他们并没有在公共卫生方面做出改进的努力，这一点是不合情理的："本口岸已开辟对外通商多年，欧洲人也都居住在市内，他们在很多方面与这城市关系密切，可是在诸如本口岸的一般卫生状况和街道的清洁管理等方面，至少在欧洲人居住区邻近，都没有采取外国的处理方式，也没有过尝试进行联合管理这样的办法，这真是怪事。"①

4. 民众卫生习惯和卫生意识落后

作者认为，疫情流行的一个重要原因是北海当地民众的卫生习惯不好："（1882年）值得一提的是，没有一个欧洲人染上这种病，虽然那时他们亦住在简陋的中国房屋中，并被不卫生的环境所包围。这帮助证明这种说法：疾病所以容易发生，部分是由于住房条件差的贫民的不卫生习惯所引起的。"②"这里的人民还不明白污秽和疾病彼此之间有多么密切的联系，他们不单不跟卫生管理处合作，甚至反对卫生改革的措施，而这些措施对于改善当地普遍的健康状况是必须的。"③

北海被辟为通商口岸后，西方的教会势力通过"医药传教"，较早地把西医西药带入了北海，但是民众的接受程度较低，最初只有一些信教民众愿意使用。针对这方面的情况，作者写道："北海现有医院2所，一曰英教会医院，一曰法国医院。前者有医师2人，病榻70张，后者医师2人，病榻百张，此外并无他医师悬壶问世。每当天花流行，该两院即行施种牛痘，以事预防，惟北海人民除种牛痘外，对于西医殊少信赖。"④尽管开始逐步接受预防接种这一现代卫生防疫手段，但由于民众大都是没有受过教育的文盲，受封建迷信思想的影响很深，因此瘟疫发生后，民众通常不是去寻求医生的帮助，而是举行集体的祈神驱疫活动。"在（1896年）5月，疾病大流行，居民决定抬菩萨游行，一个穿着华丽的队伍在本月14日游行，无不称奇，在

---

① 北海市地方志编纂委员会编：《北海史稿汇纂》，北京：方志出版社，2006年，第74页。

② 北海市地方志编纂委员会编：《北海史稿汇纂》，北京：方志出版社，2006年，第27页。

③ 北海市地方志编纂委员会编：《北海史稿汇纂》，北京：方志出版社，2006年，第58页。

④ 北海市地方志编纂委员会编：《北海史稿汇纂》，北京：方志出版社，2006年，第82页。

这天以后，瘟疫开始不再出现。"① "尽管这些外国机构对患病和意外伤害提供了免费治疗，但当家里有人患病时大多数人还是宁愿去请男巫。在北海男巫的服务在白天，或者更多的在晚上。聘请男巫的耗费往往要比在一所外国医院的三等病房里一个月的住院费还要高出许多，而且他的频繁的锣声和号角声又是那些已经给他的咒语弄得夜间无法休息的人的一个极大的烦恼的源泉。遍及这个国家的其它城市都有男女两种巫医，可是北海只限于男性的巫医。"② 作者还感叹，北海的民众不但不信西医，甚至连中医也不信："北海是一个比较密切地受到西方文化影响的口岸，可是由于当地对于这种驱邪术的嗜好，甚至连普通的中医也较难以谋生，这真使人怀疑，在中国是否还有任何别的这样的口岸。"③

五、"十年报告"关于清末民初北海社会应对疫情之记述

面对肆虐的瘟疫，当时北海的官府、民间社会、西方人和民众的应对和表现，"十年报告"中都有涉及。从记录来看，当时的应疫方式呈现出一种"新旧并存"的形势。

1. 官府

总体来说，针对疫情，当时北海的国家救疫力量是相对弱化的，缺乏制度性的得力施救，也缺乏对地方官救治的有效督促和制约。对此，作者这样评价："像北海这样的市政府还保留有古老的传统，这就是说，纯粹地方上的事情由地方上的长者来料理，地方官员不予干涉"④，这其中也包含防疫工作。

5 份"十年报告"仅有两处关于当时的北海当局防疫事业的记录，其中

① 北海市地方志编纂委员会编：《北海史稿汇纂》，北京：方志出版社，2006年，第44页。
② 北海市地方志编纂委员会编：《北海史稿汇纂》，北京：方志出版社，2006年，第74页。
③ 北海市地方志编纂委员会编：《北海史稿汇纂》，北京：方志出版社，2006年，第74页。
④ 北海市地方志编纂委员会编：《北海史稿汇纂》，北京：方志出版社，2006年，第58页。

一处是："在1893年11月，廉州府引见太和医局，一个地方性慈善团体，他们带去一份免费赠医表，即区内贫苦农民上半年医药费免收。"[①]另一处是："关于卫生的改进方面，在1905年设立卫生管理处，由8个成员组成的委员会来管理，其中4人代表北海家庭成员，4人代表广州人的店主。经费是征集来的，由一名清道夫的职员来支配。"[②]这应该是广西当局首次设置以"卫生"命名专责国民健康的事务机关，它的创建，可视为官府加强对疫情防治的宏观调控的开端，表明官府在抗疫救灾方面的表现有所好转。

2. 民间社会

在官府抗疫不力的情况下，北海民间社会自发的疫病救治力量可算活跃。一方面，北海的有识之士开始形成"污秽生疾"以及"清洁防疫"的卫生观念，并开始重视和组织公共清洁事务。"搞好卫生最踊跃的成员是广州商人，主要是他们带头做了一些事。到目前为止，环境卫生的改进和房屋建筑的改良已经蔚然成风。……香港相邻的殖民地的可怕事例的出现，中国也许逐渐对外国人的环境卫生的功效，有一个十分明确的信念。但是，回顾这个城市在通商港口的早期情况，无疑是实现了某些改进。……现在五条街道已经铺砌成同一样式，而且在两条主要街道上的房屋是按广州式样用砖建造的。"[③]对北海城内环境卫生的改造还表现在对城市道路系统的翻修："在1918年对街道的改良进行了一些尝试，这在当时是作为那一年值得注意的事件而报道的，当时募集了6,000元，说是用来修理主要街道。"[④]

另一方面，富人们开始捐资建医院："北海有两所中国的医院，即爱生院和太和医局。前者用当地富人捐献的钱建于1905年，按照管理规则，每天应有一位医生诊病若干小时。开头是这样做了，该医生是本地人，可是到后来规则成了空文，医生停止了诊病。现时该机构只是用作停放危重病人的

---

① 北海市地方志编纂委员会编：《北海史稿汇纂》，北京：方志出版社，2006年，第43页。

② 北海市地方志编纂委员会编：《北海史稿汇纂》，北京：方志出版社，2006年，第58页。

③ 北海市地方志编纂委员会编：《北海史稿汇纂》，北京：方志出版社，2006年，第43页。

④ 北海市地方志编纂委员会编：《北海史稿汇纂》，北京：方志出版社，2006年，第73页。

地方。太和医局是由在北海的广州商人建于约 20 年前。这年的上半年发生流行病，经常都有两个医生诊病，可是下半年便只有一个了。轮流负责全年诊病的主治医生总是来自广州，他在那里是这项职业的有名望的人，他的助手只是一个本地人。在春季的两个月的时间里还有一个专门的医生进行接种牛痘。"① 这些民间应对疫情的行为可视为官府实际行政能力的不足的一种弥补，对控制疫情蔓延、减少人口死亡、安定地方社会和恢复社会秩序，具有一定的积极意义。

3. 西方人

客观上来说，西方人对北海的疫情防治工作做出了一定的贡献。前文已提及，西方教会势力在传播宗教的同时，也把近代医疗制度带入了北海，因此，北海的民众比内陆地区的人们更早地开始接触西方医药甚至西式医院的诊疗。作者花了大量笔墨记录由西方人在北海开设的医院及其运营情况。有三份"十年报告"都详细提到了当时的英国教会医院（也叫北海普仁医院，它同时也是中国近代首家麻风院②，还是现今北海市人民医院的前身）。

第一份"十年报告"（1882—1891 年）的记录如下："英国教会传教团有三个代表在北海，其中一个是医生，他主持传教团的一所医院，该院1887 年 2 月开业。是一高大坚固的大厦，高高建立在平地上，俯瞰全港。有诊疗室、手术室、小教堂及男女病房，每房能住 15 个病人。另外还有两栋房屋留作特殊情况用——吸鸦片者及最近的麻风病患者，可容纳二十几个病人。这医院能接纳 80 人留医，有 40 个床位留给普通病人，有一些床位留给麻风病人。麻风病人的病房与医院其它地方完全隔离，用篱笆围住，以防其它病人及参观者误入围栏。麻风病患者不得进入医院其他地方，他们走进医院大门后，即刻被领去麻风病病房，由专门医护人员治理，他们被限制在这栋大厦的这块特殊地方。1891 年病人总数几达 8,000 人（次）。不收任何费

---

① 北海市地方志编纂委员会编：《北海史稿汇纂》，北京：方志出版社，2006 年，第 58 页。

② 刘喜松：《中国首家麻风医院——北海普仁医院医史再发现》，南宁：广西人民出版社，2014 年。

用，开支由各方自愿捐助及由教会每年补助 570 元。"①

第二份"十年报告"（1892—1901 年）的记录如下："英国教会（The Church Missionary Society）在这里的主要工作是医务，这十年中保持和发展了这项工作。医院扩大了，现有病房能容纳 200 个病人。它的声望遍及全部乡村，上千病人涌到它的常开的门诊地方。Horder 医生，一个用医务献给教会的教徒，他在他自己创立的慈善机构中工作了 17 年。他亲自劳动，而且常常独自一个人工作。他告诉过我，在 1901 年治疗的病人数目，比上年超过 1000 人，这确实是一个巨大数字，与医务工作紧密相连，常常引出直接的成果，愿意去接受英国教会说教的人有增无减。同时，英国教会的女子，也在她们特殊活动范围内工作得很有成效。Horder 医生的工作有一个显著特点，就是建立麻风病院，在那里患有令人畏惧的疾病的可怜人，得到一种机会过着有作为的生活，否则也是安逸地了结一生。"②

第三份"十年报告"（1902—1911 年）的记录如下："本地还有两所外国医院，与教堂传教会相关联的北海教会医院由荷达博士（Dr. Horder）建于 1886 年，附属于该医院的还有一所很大的男女麻风病人收容所。虽然医药科学对于治愈这种可怕的疾病尚无能为力，但在收容所里已经采取了一切措施来减轻这些不幸患者的痛苦。这些遭到家庭和朋友遗弃的患者，在这里找到真诚的同情，仁慈的待遇和合适的职业，所有这一切给予他们很大的安慰，并减轻他们生活的痛苦。总的说来，这所医院装备有进行外科手术的各种现代化设备，包括一台 X 光机。事实已经证明这些设备在诊治各种疾病上是很有效的，连麻风病也不例外。法国政府医院开办于 1900 年，也做了很好的工作。该医院的规模不如教会医院那么大，但所有求医的人都受到接纳和细心的诊治。经值班医生熟练诊治的许多疾病都收到很好的效果，这使得这所医院的名声传播到远离北海的地方。"③

---

① 北海市地方志编纂委员会编：《北海史稿汇纂》，北京：方志出版社，2006 年，第 31 页。

② 北海市地方志编纂委员会编：《北海史稿汇纂》，北京：方志出版社，2006 年，第 48 页。

③ 北海市地方志编纂委员会编：《北海史稿汇纂》，北京：方志出版社，2006 年，第 58 页。

4. 普通民众

随着时间的推移和生活条件的逐步改善，普通民众的卫生习惯和抗疫意识也在慢慢地进步，具体表现在三个方面。首先，尽管现代医学观念上的"隔离"概念尚未在北海地区出现，但已有部分民众自发形成污秽招致疫病以及远离传染源的初步意识，他们为了保护自身，主动前往人际稀少的地方进行躲避，比如，1898 年："地角村情况最坏，村民全部迁到郊外开旷地点，暂时露宿，一直到 7 月，病疫过去后才重回家门。"[1]其次，民众也开始逐渐意识到清理环境卫生的重要性："（民国）17 年 9 月，本埠突击举行清洁运动 1 次，此后即按规定期间继续扫除街道，路旁明沟，筑深展宽，以泄污浊。本埠大街，（民国）14 年 9 月一度展宽，至 16 年，与大街平行之街道一条，亦复改筑。迨 19 年，所有主要街衢多已改筑完竣矣。"[2]再次，饮水问题也是公共卫生的基本问题，民众日常生活用水观念也开始发生改变，甚至开始筹划自来水设施的兴建，尽管未能成功："北海自来水公司曾于（民国）14 年岁末开始筹办，预定资本 5 万元，业经开掘品水井 4 口，惜中道而废，徒成画饼耳。"[3]

六、余论

对清末民初北海的疫病史进行研究，让我们更加清晰地看到当时疫病与社会之间的互动关系，也让我们更加了解近代北海民众的生活状态。"天灾流行，国家代有"，疫灾与人类相始终，具有不可完全避免性。尽管现代医疗科学技术较过去已有了飞跃发展，但我们依然需要从历史中汲取突发性公共卫生事件防控和"健康中国"建设的有益参考。

---

① 北海市地方志编纂委员会编：《北海史稿汇纂》，北京：方志出版社，2006 年，第 44 页。

② 北海市地方志编纂委员会编：《北海史稿汇纂》，北京：方志出版社，2006 年，第 82 页。

③ 同上。

海外蒙元水军残部的国家认同

——印尼北苏拉威西省蒙元水军后裔及石棺遗存踏考

徐作生①

【内容提要】至元三十年（1293年）夏，印尼北苏拉威西省米那哈撒地区曾经生活着一支蒙元水军残部，他们娶土女为妻，结缡生子，繁衍后代，死后被族人葬于石棺（棺内亦间有其土著妻妾和子女）。石棺已知总数144座。最可注意者，所有石棺朝向俱朝北方，其寓意先人来自北方的中国；棺上雕刻龙图腾或太阳等图腾，带有显著的蒙汉文化特征。而所雕刻之人像，亦具有"面横阔，颧骨高，鼻稍平"等时代特征。

拙作《印尼蒙元水军石棺遗存考察》（见《郑和下西洋与21世纪海上丝绸之路》，第159—188页，中国社会科学出版社，2020年9月第一版）自刊布与在沪、闽、内蒙古诸地演讲后，尝已得学界大方之认同；其后，2019年6月及2019年9月，笔者又数临内蒙古大草原踏查，获得许多与此相关有价值的历史信息。

2023年4月5日始，笔者第三次赴印尼东爪哇泗水（土人谓之苏拉把牙），冀由此而飞赴马鲁古群岛安汶（即我国古称之香料群岛是也，土人谓安波娜），踏访另外一支元朝水军后裔"沙顿族"的历史与现状。虽因健康原因提前返国，停止踏勘而未果，但新发现的史料不断给我提供线索与信息，充实证据链，从而得出结论：印尼北苏拉威西省元军石棺群蕴含着丰富的关于认祖归宗、民族融合的思想和理念。此种思想和理念，阐释了海外游子心中的强烈的归根情结。而所有这一切，是对他们共同的母体、祖籍国和"根"的一种深切关注和记忆。

谨就几点新发现，爰识数语并配若干实物图片于下。

【关键词】蒙元水军；爪哇；石棺；龙图腾；莲花图案

---

① 作者简介：徐作生，上海郑和研究中心教授，上海国际友人研究会副会长。

一、开篇之语

《海洋文化研究》要出第二辑，编辑部电函索稿，并言明：需要我在印尼北苏拉威西省发现元朝水军及华裔活动遗迹的踏勘和考证的一篇论文。主编古小松、方礼刚二位是我相识多年的学界老友，索稿时适值我第三次考察印尼（2023 年 4 月 11 日）返国。遂遵命将此次所获得的最新材料整理出来。论文标题亦根据所增添的内容作了改动，谨于第一时间呈献给学界同好。

2010 年夏，我受邀出席马六甲首届国际郑和学术论坛，会议终了，又用逾 20 个时日，在印尼踏访古代华人拓殖[①]遗迹。返国时于雅加达机场候机大厅休息，偶遇北苏拉威西省华人矿主林新顺先生，彼告曰："在苏拉威西岛以北的哥打莫巴古市（Kotamobagu）莫达祥镇（Modayang）达魄谷村（Tobogun），有蒙古人后裔，该族群虽与当地土著共同生活数百年，民族成分归属米那哈撒族（Minahasa，注：一译为米纳哈萨，皆同音异译）之一支，然其身材、面貌颇类蒙古族：皮肤白皙，面横阔，颧骨高，鼻稍平，而其语言和生活习惯仍保留诸多历史遗痕。不仅是达魄谷村，在莫达祥所辖的其他小村子亦有此族群。"稍顿，又复曰："与爪哇人相比，皮肤白皙是这个族群的特征。"

我惊讶久之而不能语，对曰："考蒙人在爪哇史，不得不述及元军征爪哇这件发生在南太平洋地区海战史上的重大战役。但元史对此所记寥寥，仅夹杂于世祖本记及史弼传、高兴传等人物传记里，而所记事亦简略。查《中外海战大全》[②]，述元征爪哇战役，亦仅数百字。"

林新顺先生自言是商人而非学者，"汝欲问有何文字或实物尚可佐证其说，定要到实地查访，除此也不知其他了。"

然其所言及之，确是一个极为重要的学术信息。惜林氏与我并非同一航班，不及细谈。末了，彼留下电话和村庄地址（即彼矿所在地），叮嘱云"盼缘聚"，始各分袂。

[①] 拓殖，开拓荒田，繁衍后代。余曾有拙文《冯嘉施兰国国王林凤拓殖遗迹考》刊布，因"拓殖"而引来"殖民"之争议，今在此廓清歧义也。

[②] 赵振愚主编：《中外海战大全》，"太平洋和印度洋地区"，北京：海潮出版社，1995 年，第 201 页。

岁月匆匆，一晃八年过去。2018 年 5 月，我借泗水国立大学孔子学院开设历史专题讲座之机，决定"单飞"万鸦老，然后再转雇小汽车，深入北苏拉威西岛北米那哈撒县下属村镇以及哥打莫巴古山区踏勘。

根据实地勘访所摄之图片和影像，我对北苏拉威西岛将近 150 座古代石棺及米那哈撒地区一支民族族群的成分进行了详细而周密的考释，发现有三：

其一，诸多石棺上反复出现龙图腾，以及太阳和莲花图案；其二，生活在米那哈撒地区之特殊族群，无论从长相、姓氏抑或是从语言上分析，都带有蒙元时期所沿袭下来的诸多历史遗痕；其三，一些刻有 M 字母标识的石棺，为荷兰文 Mongolië 之缩写，其落葬年代应在荷据苏拉威西岛之后，即 17 世纪晚期。

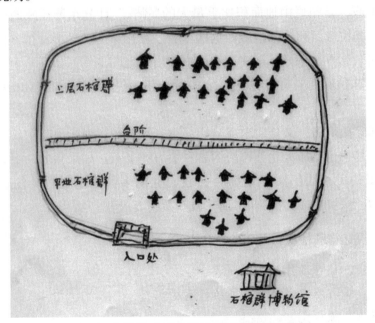

图 1　北苏拉威西省沙湾岸石棺群手绘图

从而得出结论：印尼北苏拉威西省米那哈撒地区曾经生活着一支蒙元水军，他们（亦间有其土著妻妾和子女）死后被族人葬于石棺，石棺已知总数 144 座，所有石棺朝向俱朝北方，棺上雕刻带有蒙元文化特征——龙图腾或太阳图腾，一些石棺上的莲花图案，表明其中以崇信佛教者为多；而所雕刻之人像，亦具有"面横阔，颧骨高，鼻稍平"等时代特征。

兹就石棺内容及元军后裔文化遗痕一一列出，考证如次，以补文献之阙如，亦祈读者不吝匡正。

二、哥打莫巴古地区蒙古族成分之踏访

（1）关于苏拉威西岛米那哈撒地区

为让读者诸君了解笔者所踏勘之路线，有必要介绍一下史迹发现地所处的地理位置。

查《辞海》地理分册"外国地理"，有苏拉威西岛专条记叙，其文云，"苏拉威西岛（Sulawesi Island），旧释'西里伯斯岛'（Celebes I.）。印度尼西亚岛屿。西隔望加锡海峡同加里曼丹岛相望，东邻马鲁古群岛。多高山深谷，少平原，是印尼山地面积比重最大的岛屿。"计分东苏拉威西、南苏拉威西、中苏拉威西和北苏拉威西这四个省。苏拉威西岛岛形奇特，由四座半岛分别向东北方、东方、东南方和南方伸出，地图上看，如同一个四爪掌；其中，北苏拉威西省即在这四爪之内的北爪——米那哈撒（Minahasa）半岛上。

米那哈撒半岛，又分北米那哈撒、中米那哈撒、南米那哈撒、东米那哈撒四县，其中还要加上北苏拉威西省省会万鸦老市。如果粗分一下，世代生活在这里的土著居民属于米那哈撒族，他们多信仰基督教（约占 60% 以上），亦有不足 30% 的人信仰伊斯兰教和万物有灵教。

（2）莫达徉镇杜嵩村（Duson）原住民调查

时间：2018 年 5 月 13 日
地点：哥打莫巴古市莫达徉镇杜嵩村
受访者：原住民

按照 8 年前华人矿主林新顺先生所留下的通信方式，打电话一直联络不上，询之他人，才知印尼实行电话实名制，老号码一律废止使用。

承蒙北苏拉威西省华文教育协调机构主席徐启忠先生想得周到，为解决语言交流障碍问题，选派万鸦老华校的一名米那哈撒族女学生妮娅为我做随同翻译。

若去哥打莫巴古市（Kotamobagu）莫达徉镇（Modayang），必得要从万

鸦老雇车前往，两地之间虽距离200多公里，唯因沿路弹坑累累，崎岖不平，司机曰，跑一次单趟，至少要花四五个小时，来回在路上时间就要十个钟点以上。

清晨7时许在集合地出发时，妮娅手中提着早餐尚未及吃，车行期间，又因颠簸剧烈，彼呕吐不已，可以想见旅途之艰辛。

我们到达莫达祥镇时已经是晌午时分，立即找一家餐馆吃饭，其间通过饭铺老板介绍，找到了镇长家，不巧未遇。遂驱车上路，在一个叫杜嵩（Duson）的小村庄停下，村口有小店，询店主，答曰姓黄，其父黄公梵，是华裔，英文名 Huang Kongfan，20世纪中期始迁徙至此，父亲已经去世，留下这片小店铺由他打理。这家华裔显然非原住民。我们之间交谈过程中，其对这一带历史亦不甚了了。

于是妮娅带路，继向村子深处走，这里全是陡坡，芭蕉林子茂密，木板搭建的民宅散落在陡坡之下。

关于原住民之姓氏调查：

寻找到一家屋宇较大的宅子，主人是个中年汉子，41岁，叫里吉（Ligi），长相憨厚，妮娅向他说明来意，主人便和善地请我们入屋做客。

这是一个大家庭，屋里还有里吉的奶奶、父母、弟弟、弟媳，以及里吉的妻子和一双儿女，若加上摇篮里的侄儿，总共有九口人。

图2 杜嵩村原住民约瑟夫-阿卜杜拉曼在访问者踏勘笔录上签名

里吉的父亲叫约瑟夫-阿卜杜拉曼（Yosuf-Abdulrahman），据其所言，他们世代居住于此，是这个村庄里最古老的原住民，他有两房儿子，还有一个已出嫁的女儿。从"Abdulrahman"这个姓氏来判断，他们信仰伊斯兰教。

约瑟夫-阿卜杜拉曼告曰，杜嵩（Duson）村内，除去外来杂姓不算，共计有九个姓氏，这九个姓氏里，竟然有五个是以"蒙古"（蒙古或读如蒙哥）打头的，计开——

原文	转为汉语读音
Mokoagow	蒙古阿公（蒙古或读如蒙哥）
Mokoapa	蒙古阿巴
Mokoginta	蒙古京打
Mokodonpit	蒙古董兵
Mokodongan	蒙古董岸
Mamonto	妈孟托
Paputugan	巴布托岸
Gumalangit	哥妈拉衣特
Abdulrahman	阿卜杜拉曼

关于原住民之语言调查：

继之，我请约瑟夫把一些自然现象、人的器官、动物以及日常生活用具等用当地语言（很随意性地举出23个单词）一一列出，并且把这些语言与爪哇语和米那哈撒语又一一进行比对，最后得出结论，所列出的23个单词之中（包括一个动宾结构的短语词组"吃饭"），有16个是与爪哇语或米那哈撒语迥异。

鉴于语言发展规律之变化，若：外来词汇逐渐增加，同源词汇逐渐分离，并且出现语义扩大缩小等现象，外来词汇甚至可以影响一个语言的语法过程，这里所列述之23个名词，一律按照"原生态"情状呈于读者诸君眼前，而不作探究。

分列如次——

名词	原文书写	转为汉语读音	与爪哇语和米那哈撒语比对
狼	Briy	博锐耶	不同
马	Kapalo	嘎巴咯	不同
牛	Sabi	萨碧	类似
羊	Baimbe	拜母拜	不同
狗	Ungku	翁姑	不同
人	Itau	衣滔	类似
眼睛	Mata	妈他	类似
手	Limah	黎马	不同
嘴	Bibik	必必克	不同
脚	Siol	丝敖	不同
脸	Pogot	报告	不同
牙齿	Bagang	巴纲	不同
太阳	Singgai	新概	不同
月亮	Buran	部然	类似
草原	Bonok	波瑙克	类似
大山	Bulud	布路得	不同
动物	Tundi	蹲地	不同
吃饭	Mongan	磨岸	不同
菜	Pindan	宾丹	类似
勺子	Leper	勒泼	类似
马奶	Susu	素素	类似
树	Bangkoi	棒告衣	不同
房子	Baloi	巴劳衣	不同

考曰——

八年前偶遇华人矿主林新顺先生，谓莫达徉镇（Modayang）达魄谷村（Tobogun）有蒙古人后裔，长相特征颊大颧高，鼻平唇厚，头面圆，特别是他们使用的农具和其他的生活用具还保留着古风遗存，可是因天色渐晚，而遍访达魄谷村（Tobogun）无果，故此次调查亦仅能到此为止，俟日后有机缘再作踏访。

但是，令我惊异的是这 5 个具有一定规律的"蒙古"姓氏：Mokoagow（蒙古阿公）、Mokoapa（蒙古阿巴）、Mokoginta（蒙古京打）、Mokodonpit（蒙古董兵）、Mokodongan（蒙古董岸）。那么这个一定的规律之中，又蕴含着怎样的历史信息呢？

另外，据村庄里的其他长老告云，这 5 个姓氏中的"蒙古"之称号，在莫达祥镇（Modayang）一带的其他村庄也有，更或攀染至附近他镇，比如在莫达祥镇往北约 25 公里的地方，就有一个叫蒙古帮（Mokobang）村寨（见图 3 上的标示，属于 Tompasubaru 镇管辖），村人多以蒙古（Moko）为姓氏，便可来佐证此种情状。

他们这一支特殊的土著族群到底来自何方？他们说的语言与其他的部落民族为何又有太多的不同？他们的祖先是哪一个朝代流落到此的？

（3）蒙元水军征伐爪哇之因果

如开篇所言，要考述蒙古族成分这种种的疑问，我们不得不提到历史上的蒙元水军征爪哇这个重大历史事件。

在 13 世纪时，曾经出现过由蒙元帝国维持了一个世纪之久的"世界体系"，元代的疆域"北逾阴山，西极流沙，东尽辽左，南越海表"，中国同欧洲、中亚、东南亚的交通极其便利，中外交往非常活跃。当时与中国有海外贸易关系的地区和国家很多，海道贸易方面，据元人汪大渊《岛夷志略》①的记载，仅东南亚、南亚各沿海国家和地区即达 97 个之多。《元史》中说，元世祖忽必烈诰谕海外国家"诚能来朝，朕将礼之；其往来互市，各从所欲"。

公元 1279 年，当元世祖忽必烈在诏修全国地图时，出现了一个有趣的现象：朝野众议纷纭，认为元朝的疆域应该包括"大汗之国"和西北各个宗藩国，甚至主修地图的大臣向忽必烈奏章说："如今日头出来处，日头没处都是咱每的，宜将回回图子（作生注：指西域各宗藩国）和汉地都做一个图子。"（元《秘书监志》卷四）大德七年（1303 年），西北诸王和解并拥戴元朝中央政府这个鼎盛时期，领土面积达到 4500 万平方公里，占据世界土地面积的百分之二十二，其版图形状如同鲲鹏之大翅；征服了 40 多个国家、

---

① 〔元〕汪大渊著、苏继庼校译：《岛夷志略》，北京：中华书局，2000 年。

720多个民族，管理的总人口数目逾6亿，创造了世界史上的奇迹（数据来源：孛尔只斤·苏和《散居在祖国内地的蒙古族及后裔》"附录：蒙元帝国的辉煌"，第337页，内蒙古人民出版社，2013年3月第一版）。一如史学家张星烺先生言："迄于元代，混一欧亚。东起太平洋，西至多瑙河、波罗的海、地中海，南至印度洋，北迄北冰洋，皆隶版图。幅员之广，古今未有。通蒙古语，即可由欧洲至中国，毫无阻障。"也就是说，一个欧洲人或是印度人，只有他会说蒙古话，就能够从欧洲来到中国，一路上毫无障碍。

至元二十九年（1292年）二月，受忽必烈遣派，右丞相①孟琪持诏书来到爪哇王宫，劝说国王来华朝贡，时因言语不合，孟琪被国王黥面放还。

外交无小事。《元史》"世祖本记八"云，忽必烈闻报后震惊，即命史弼、高兴、亦黑迷失做统领，调集福建、江西、湖广三地兵士2万人②，战船大小500艘，携载供水军一年的粮食，渡海远征爪哇。

又，若按《元文类》记载，则"发舟千艘，费钞四万定，赍一年粮，降虎符十、金符四十、银符百、金衣段百端备赏"③。《元史》在写到这段外交史实时，记载了忽必烈的一段话，他说："卿等至爪哇，明告其国军民，朝廷初与爪哇通使往来交好，后刺诏使孟右丞之面，以此进讨。"④说明忽必烈本来欲和爪哇国正常往来，但却发生了孟琪被黥面之事，故而元朝不得不兴师问罪。

元朝廷为了扩充征伐爪哇水军的招募，下诏凡是"习泛海者，募手工千人者为千户，百人者为百户"⑤，而且还实行了"罢开河之役"及"令贩私盐军习海道者为水工"两项政策，以保证招募到水军所需要达到的人数。

关于元军征伐爪哇的航线图，《元史》在"史弼传"里讲到：元军过七洲洋、万里石塘，历交趾、占城界，明年正月，至东董西董山、牛崎屿，入混沌洋橄榄屿，假里马答、勾栏等山，驻兵伐木，造小舟以入。

---

① 元代右丞相，官一品，总理政务。蒙古人尚右，故以右丞相为长。

② 征爪哇兵士人数，史料记载互有抵牾。〔元〕明善《清河集》卷六"高兴神道碑"则记"发兵七千人"。按当时的实际情况，可能皇帝下诏是2万人，而南方征兵时只能征集到的水军数目是七千人。

③ 北京国图阅览室提供的缩微胶片，钱泰吉手校本《元文类》70卷之卷四一。

④《元史》"外夷列传·爪哇传"，北京：中华书局，1976年。

⑤ 同上，"世祖纪十"，第280页。

根据上述史料记载，元军经过的线路是：七洲洋，即今七洲群岛东南洋面；万里石塘，即今西沙群岛；混沌洋，今占婆岛东南洋面；东董、西董山，即今藩切市东南；橄榄屿，今头顿市西南昆仑岛；昆仑洋，即今昆仑岛以南洋面；牛崎屿，今关丹市东南雕门岛；假里马答，今坤甸市西南卡里马塔岛；勾栏山，即加里曼丹岛西南岸一属岛，英文 Gelam[①]。

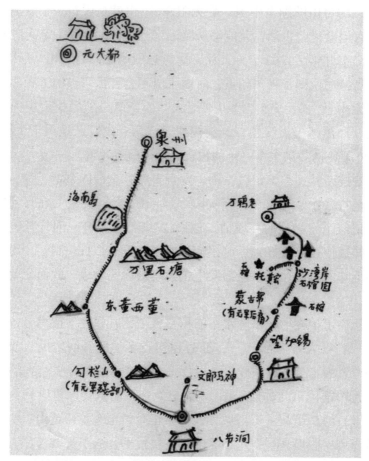

图3　元军征爪哇航线图，考据见《元史》卷162"史弼传"及杨槱《郑和下西洋史探》"唐宋元时期航线"[②]；并依据实地踏查描绘

元军征爪哇一战，因指挥失利，伤亡三千人，余部在海上漂泊68天才

---

① 关于勾栏山今地考证，姚楠、苏继顷皆证 Gelam 此说，见〔元〕汪大渊著、苏继顷校译：《岛夷志略》，北京：中华书局，2000年。

② 杨槱：《郑和下西洋史探》，第四章第5节，上海交通大学出版社，2007年。

回到泉州。但是实际情况，除去在沿途岛屿一路滞留的病卒，返回的水军人数不多。于是，忽必烈诏治史弼、亦黑迷失这两名指挥官的罪过，各廷杖之，没收他们的三分之一家产。

这里提一句，忽必烈时期与爪哇国的关系除去至元二十九年、三十年处于战争状态以外，其余时间都保持着友好的往来。如至元十九年七月，宣慰使孟庆元、万户孙胜夫使爪哇回，阇婆国贡金佛塔。周致中《异域志·爪哇国》说："古阇婆国也，自泉州发舶，一月可到……与中国为商，往来不绝。"又据《马可波罗行纪》之《爪哇岛》记载：这个国家商品种类很丰富。岛上出产如胡椒、肉豆蔻、甘松香油、生姜、荜澄茄、丁香和其他一切有价值的香料和药材，因此有许多商船装载商品前来交换，并且获得巨大的利润。这些记载充分说明了元朝与爪哇的贸易往来是十分频繁的。

有个细节：元朝水军在爪哇之战中，有一些残部就留驻在当地不走了。如经过勾栏山（其地今属印尼）的时候，把部分病卒留在了那里，与当地人杂处，过着很悠闲的生活，元人汪大渊见到他们时（这些人亦有可能是水军后代），用"飘然长往"一词来形容。汪大渊《岛夷志略》云："飘然长往，有病卒百余人，不能去者，遂留山中。今唐人与番人丛杂而居之。"[1]唐人，即中国人。其实，汪大渊在航行途中，不仅在勾栏山亲眼见到过蒙元水军或他们的后代，还在中东的马鲁涧[2]见到过一名当地的酋长，一交谈，对方告诉说姓陈，河南临漳人。幼小时能读书，长大后又习练兵事。元初曾经在甘州做官，后来率领所部西征，到了这里之后便没有再回去。由是观之，元朝无论是东征还是南征，都有可能留下一些残部在那里，至若时光推移之下，子孙繁衍，人丁兴旺。

又，北师大中文系博士生色音在济州岛考察，曾遇见几位自称是"大元"后裔的牧马人，证据是族谱上"本贯"一栏均写着"大元"两字；云其祖先东征日本时，在济洲放马，曾用过"大元"之姓氏[3]。

---

①〔元〕汪大渊著、苏继庼校译：《岛夷志略》，"勾栏山"，北京：中华书局，2000年，第248页。

② 马鲁涧，殆指伊儿汗国最早的都城 Maragha，今译马腊格，按姚楠考证，今地在伊朗西北部。证据见《岛夷志略》苏继庼校译本。在所有宗藩汗国中，伊儿汗国的旭烈兀与忽必烈血缘关系最近，伊儿汗国自始至终都与元朝保持着密切的藩臣关系。

③ 北京师范大学中文系博士生色音在济州岛考察期间，曾见到几位自称是"大元"

由是观之，欲搜求史迹，必得踪迹其地，否则，虽读遍史书，又有何益？！一如冯承钧先生感喟的："今日欲知古代之史事，非取古人直接留示吾人之遗物研究不可。实地探考，科学发掘，盖为今日史学家不可少之方法。"（〔法〕伯希和《蒙哥》"译者序"，冯承钧译，中国国际广播出版社，2013 年第 1 版）

综合以上史料，笔者可以断言，印尼北苏拉威西省米那哈撒地区曾经生活着一支蒙元水军残部，他们与生活在勾栏山的水军一样，"飘然长往……不能去者，遂留山中。今唐人与番人丛杂而居之"，并因此留下了后代。

行笔至此，笔者又发问：流落在北苏拉威西的蒙元水军，其间又有着怎样的沧桑经历呢？除此能否寻找到更直接或让人信服的文化遗存呢？

三、北米那哈撒县沙湾岸石棺群勘查

（1）北米那哈撒县沙湾岸之石棺群

时间：2018 年 5 月 14 日

踏勘地点：北米那哈撒县沙湾岸

地理位置：北纬 1.4 度；东经 125 度

当地向导：北苏拉威西省华文教育协调机构主席徐启忠

沙湾岸石棺群管理处解说员：Ferni-Kalalo

石棺群整体：北米那哈撒县地处苏拉威西岛最北端，石棺群所在地的沙湾岸村，距离万鸦老以东偏南 25 公里处，地理位置是北纬 1.4 度；东经 125 度。

石棺群排列呈上、下两层，上层是一座高约 30 厘米的平台；下层则是在地面之上。上下两层的石棺数总计 144 座。石棺群总体俱朝向北方。每座棺上有"屋檐"：由两片石板锲合成"人"字形状，将石棺盖住，密封度很高。石棺呈长方形，形制基本统一，但在规格上也互有差异，殓装孩童的石棺高约一米，而最大的一座高约 1.96 米。一般多为一人一棺，亦有一棺三人

后裔的牧马人。他们自称是蒙古人后裔，证据是家里的族谱上"本贯"一栏均写着"大元"二字。大约在 1500 年到 1770 年期间曾用过"大元"的姓，后来才逐渐出现赵、李等姓。他们在放马的时候也经常唱些长调民谣，在他们中还流传着好多有关蒙古人的传说。详见《南朝鲜的蒙古人后裔》，载《内蒙古社会科学》（汉文版），1992 年第 2 期。

的（详考见以下的图像释读）。

　　据石棺葬区管理员工介绍，这片石棺葬区，上层台阶的石棺年代最久远，而地面上的石棺其安葬年代则稍晚。躺在石棺里的主人都是部落长官，或其后代，总计有144座。

图4　北米那哈撒县沙湾岸石棺群所在地树立之标识，其上文字说明为
"文化古迹，沙湾岸古墓群。北苏拉威西省文化部2010年立"

　　葬区外墙墙壁，有当代人所作的立体壁画，其材质似用水泥，内容叙述石棺制作之过程，以及人在亡故之后，被遗族安葬之过程。

　　笔者考曰，由于没有确切史料来佐证，因此这些过程，多是经过开棺之后，根据尸骨的实际情况来进行描述的。为我做讲解员的是Ferni-Kalalo女士，今年31岁，圆脸，唇厚，鼻稍平，肤色较白，米那哈撒族人。她告诉我，她的姓Kalalo（读如"加拉若"），亦蒙古人姓氏，沙湾岸村土人，这是她小时候长辈就告诉她的。

　　又据其曰，这里的石棺，大多数是原址上的，亦有少部分是从其他村庄迁移过来的。北苏拉威西省文化部目前还在该省的其他一些农村发现一批散落的石棺，皆为古迹，所以统观起来，总数大约要超出现在的数字（总计约340余座）。关于石棺的年代，有说距今800多年的，但也有说1600多年的，口径不一，目前印尼学术界尚未对其做出权威的考证和评价。位于石棺群外墙，有一座规模甚小的博物馆，里面展览品很少，据介绍，石棺里陪葬品多被盗走，目前馆藏之仅有几件青花瓷器和青铜短剑，管理员说，由于人手少，制度松懈，这些藏品早晚也难逃被盗之噩运。

图 5　作者在沙湾岸古墓群考察现场讲解蒙古族面部特征

石棺图像释读之一：石棺群分组排列，整齐有序，每座俱北向

这种葬制与米那哈撒地区其他民族的丧葬方式完全不同。2010 年夏，我在东爪哇之泗水和日惹两地踏勘，曾经访查过当地的一些墓葬（当地土著墓葬和寺庙的华人墓区），均未见过此种竖立如屋的石棺。

又考元代墓葬，在中国内地有无发现石棺的考古记录呢？回答是肯定的。因限于篇幅，这里仅举两例，不展开内容，以窥一斑。

例一：1975 年 6 月至 8 月，内蒙古文物工作队在大青山以北进行古文化遗迹调查时，于红格儿地区的宫胡洞、乌兰湖洞以及潮鲁温克钦三地发现了石头墓和石板墓，间或亦有石棺，这些古迹的时间跨度从隋、唐到金、元①。

例二：1975 年 5 月至 6 月，黑龙江省博物馆考古人员与哈尔滨师范学院历史系学生联合组成文物普查队，到内蒙古新巴尔虎右旗进行田野调查，在达石莫乡东南约 15 公里的哈乌拉山发现一处规模宏大的石板墓群，计分东墓区和西墓区，墓葬分组排列，整齐有序。关于该石板墓（间有石棺）族属，苏联（俄罗斯）外贝尔加地区和蒙古东部地区（也就是古籍中述及的漠北地区）墓中出土的人骨经鉴定，具有明显的蒙古人种特征，哈乌拉山石板

---

① 郑隆：《略述内蒙古北部边疆部分地区的石头墓和石板墓》，载《内蒙古社会科学》，1990 年第 1 期。

墓属于北方草原地带的游牧民族是可以肯定的[1]。

以此比照北米那哈撒县沙湾岸石棺群，该石棺群亦分组排列，整齐有序。但是有一个非常值得关注的现象，就是它们总体俱朝向北方。对于这一特殊现象，至今仍然无人做出令人信服的解释。

余考证石棺群整体朝向北方这一特殊现象，"即彼等灵魂所诣之地也"[2]，其寓意一如南宋攒宫。南宋攒宫，即宋六陵也。顾炎武说："昔宋之南渡，会稽诸陵皆曰攒宫，实陵而名不以陵。"攒宫，暂厝之棺椁，昭示死后亦不忘祖先来自中原。

图6　沙湾岸古墓群分组排列，整齐有序，每座石棺都朝向北方

古代草原游牧民族为何会使用石棺作为墓葬呢？笔者在学界曾看到一种观点，认为他们之所以用石板为墓，盖因木材缺乏，大自然生态制约所致。但是，远在万里之外的印尼苏拉威西岛，森林繁茂，木材取之不尽，那又为何不用木棺而采用石棺呢？！故回到原话题，只有一种解释：石棺的主人及

---

① 郝思德：《内蒙新巴尔虎右旗哈乌拉石板墓》，载《北方文物》，1988年第4期。

② 语出姚楠《黄金地考证》一文，收录于《古代南洋史地丛考》，第108页，商务印书馆1944年第一版，1958年2月增版。该文云，上世纪四十年代初，"暹罗湾一座古城址发掘出一批战死的蒙族人之遗骸，头对西方。遗骸之枯掌中，尚握有铁制武器之残片。"作生按：暹罗湾在南海西南部之马来半岛大部地区，此蒙族人之遗骸，殆为元军征缅之余部。"头对西方"，缅于暹罗之西也，盖谓元所部逶西而东，落脚于此。

其后代均承袭了祖制。

（2）石棺图像释读之二：人物造像及衣饰、冠冕特征

此处取 2 个不同面部表情的人物来释读。

见图 7：人物造型有三大特征，颊大颧高，鼻平唇厚，头面圆。着对襟衣，凹后领，这件对襟衣，不但袖口肥大，且下摆也较肥大。对襟上无系带，收腰。双脚蹬靴。人物双手叉于腰间，嘴微微抿起，瞠目，发怒，似武士。人物头顶上的帽子（冠冕）以及两掌均遭到毁损。

见图 8：人物造型颇类图 7，即头面圆，颊大颧高，鼻平唇厚，唯面部表情不同，双目平视，脸微露笑容。坐姿，双腿稍弯曲，亦双脚蹬靴。此幅图像还有一个特点，就是头上戴着三齿形冠冕。而此种三齿形冠冕，下面将要展示的图 8 之中我们还可佐证这个人物特征。

图 7　人物着对襟衣，双手叉于腰间，嘴微微抿起，瞠目，脸部
表情威武，双足蹬靴，似武士

图 8　双目平视，脸微露笑容，坐姿，双腿稍弯曲，着圆领对襟衣，
衣服敞开，亦双脚蹬靴

考曰——

对襟衣和三齿形冠冕

首先关于无扣对襟衣。我们会生出一个疑窦：蒙古族的传统服饰是蒙古袍。其服右衽，无领，衣肥大，长拖地。以红、紫等色绸缎带紧束腰部。既然如此，那么这种对襟衣就不会出现在具有蒙元文化的石棺中。

"但是，反观当时的历史情况，在酷热的赤道线附近，若是穿着袍子打仗，反而有违历史事实。"（笔者2018年6月5日拜教于内蒙古博物院陈永志院长，引号里的话语即陈院长所言）

再之，在水军之中，南方人占比九成以上（福建、江西、湖广三地），他们有流行汉服的习惯。

不仅如此，此种衣饰我曾在内蒙古博物院三楼的蒙元展览厅里见到过真品（见图9）。这件对襟衣保存完好，绛红色，无领，中短袖口，面料上缀有乳黄色花案，色彩柔和而素雅。忽必烈入主中原，在服装文化上吸取了汉文化的特色，即便在蒙古族聚居的大草原，亦有上层贵妇穿起了汉服对襟衣。

图 9　元代的对襟衣（内蒙古博物院蒙元文化展览厅陈列）

又，根据沙湾岸石棺群古迹园区讲解员 Ferni-Kalalo 介绍，这里的石棺造像均取自逝者生前的形象，而我们若从其姿态和形状来看，可以读出他们活着时的场景，那是绝不同于一般庶人的生活。考石棺画上的人物，有数次出现三齿形冠冕，见图 8、图 10 与图 11。再看图 10 之中的人物，是一位脸上留着髯须的耄耋长者，他戴的就是三齿冕，此种帽子亦非普通百姓之冠冕，说明逝者的官衔级别很高。而通过他两腮的浓须，可以判断这是一位典型的穆斯林教徒。他的身份可能是"怯里马赤"，意为"通事"，也就是今天说的翻译官。蒙元征服各国，言谈多借助通事。元朝官衙多设立怯里马赤，以便于在异域的语言沟通。

关于三齿冕，我们可以从"窝阔台加冕礼"图像[1]（图 11）和"阿八哈汗和他的子孙"[2]图像中（图 12）得到印证。这两幅图像中，窝阔台和阿八哈汗所戴的冠冕皆为三齿形，这种三齿形，更像一座山峰。

① 〔法〕勒内-格鲁塞著、吕维斌译：《蒙古帝国史——活着就为征服世界》，"窝阔台加冕礼"，彩绘，北京：现代出版社，2016 年。

② 安泳锝主编：《天骄遗宝——蒙元精品文物》，"阿八哈汗和他的子孙"，黑白图，北京：文物出版社，2011 年。

图 10　留着髭须的长者

图 11　窝阔台加冕礼

图 12　阿八哈汗和他的子孙

　　而在赤道上的万岛之国印尼，无论古今，皆未见戴帽者，更遑论三齿形冠冕。

戴帽与土人"布缠头"之区别

　　需要厘清的是，在古代的爪哇及其附属小国，亦有以布缠头的风俗。比如，《明史》中说，文郎马神国（此小国故址在今印尼加里曼丹的最南端马辰，邻近苏拉威西岛。印尼文 Banjarmasin，读如班加尔马辛），"男女用五色布缠头，腹背多袒，或著小袖衣，蒙头而入，下体围以幔。"用布缠头，腹背多袒，我在仔细勘查所有的石棺过后，此种画面确实出现过（图 13 和图 14），如图 13，不过画面中的人物，其下巴尖，有两巨乳，未穿衣，头缠布，布条有一端从左耳旁拖曳而下。人物呈半蹲姿态，手舞足蹈，碧玉年华，这是当地一个典型的土著裸女，其特征逗人奇趣。以此缠头旁有布条拖曳之形式，再逐一比照前所言及的戴冠冕者，两者毫无共同之处。

　　另外，生活于 1203—1283 年的卡兹维尼（Kazwini）写过《世界奇异物与珍品志》，其中有一段讲述到他在南洋旅行时看到女儿国的奇闻：瓦克瓦克群岛（Wakwak）与爪哇近，人们发现那里均为女子，绝无男子的踪影。姑娘们靠风或吃水果受孕，生下来的也是与她们一样的女子。学术界有人考订其地为今苏拉威西岛布吉斯人（Bugis）居住地，在古代，该民族女权甚大。或可认为图 13 的土女，即部落头领也[1]。

----

　　① 注引廖大珂：《〈从郑和航海图〉谈中国人对澳洲的认识》，收录于《郑和下西洋研究文选（1905—2005）》，北京：海洋出版社，2005 年，第 506 页。

图13　缠头裸乳之土女歌舞图

（3）石棺图像释读之三：昭示不同人种的婚配

见图14，这幅图面上，共有3个人物造像：一个主角立于中央，另外2人用面庞来替代。主角刻工极为精细，双目炯炯，鼻子细巧，嘴巴微启，下巴浑圆。无论是其五官，还是其服饰，都可用英俊帅气来形容。尤其是双手的刻画，拇指叉开，其余四指并拢，指缝所用的线条，纹理清晰而柔美。而其身上所穿的对襟服饰，设计得繁复与靓丽，几乎臻于完美。这幅图片，我在2018年6月5日专程赴呼和浩特，向内蒙古博物院陈永志院长请教，他用手指着这张图上有2个尖下巴的人面，一语点出了要害。陈永志院长曰："蒙元时期纯种的蒙古人，他们的脸庞不会是这样尖尖的。"

图14　人物面庞"一圆二尖"

图 15　小男童项上戴饰物，围肚兜，据考其骨骸，6 岁时夭，尚在髫龄也

为什么同一幅图片之上，会出现"一圆二尖"的滑稽事情？白而言之，主角（我们暂且这样表述）和配角有不一样人种的面孔呢？带着疑问，我从蒙元水军征伐爪哇的历史状况去思考，找出答案。

元军征伐爪哇，史书上没有出现过携带家眷的记录。这是因为元军专为打仗而来的，如果携带眷属会有诸多麻烦。可是，一旦流寓岛国，繁衍子孙，他们的配偶就肯定是当地土著无疑，一若逗留在勾栏山的水军"飘然长往"。又举一细例：前面说过的文郎马神（此小国故址在今加里曼丹的最南端马辰，Banjarmasin，读如班加尔马辛），中国的水手上岸，"女或悦之，持香蕉、甘蔗、茉莉相赠遗，多与之调笑。"香蕉、甘蔗，皆寓意男性生殖器也。若女与华人通，被父母发觉，辄削其发，以女配之，永不听归。女苦发短，问华人何以致长，绐之曰："我用华水沐之，故长耳。"其女信之，竞市船中水以沐。华人故靳（奚落）之，以为笑端。按照当地的浪漫风俗，一些好客的男主人希望自己的妻子拥有一个中国情人，这样可以使他感到非常体面。华人商船的到来，除了刺激当地贸易和香料种植业的发展，也促成了色情业的繁华。船员们与当地多情的女子结下了深厚友谊，同时也播下了他们的种子。在经历了多次浪漫爱情之后，一些人在南洋滞留不归。用今天的话说，黑掉了！并且留下了后代。

　　所以，我们若再回头探讨为什么同一幅石棺图片之上，会出现"一圆二尖"的滑稽事情，问题就会迎刃而解。

图 16　作者在文郎马神国故地踏勘，与慈圣宫主席张和宣老先生合影

（4）从人物双眼的绘画看谜底

　　石棺群的人物造像，每个人物的眼睛之描绘，皆有一个显著的特点，就是用双圆圈来表示，图 8、图 14，一如现在儿童的卡通画，疑卡通人物之双目即取材古人也。如上举例的几幅，此再举一幅，见图 17，虽为土人女性（或元人之妻）特征：尖下巴，布缠头，脑后披巾，但眼睛之描绘，乃双圈。

　　此种绘画手法，我读过《内蒙古岩画的文化解读》[1]，该书第 36 组图、图 877 里出现的双目，其艺术手法也是同出一辙。该岩画在位于小徕殆沟的岩面上。

　　考曰，虽然内蒙古小徕殆沟的岩面与北米那哈撒县沙湾岸石棺群年代不同，但是它们所传承的艺术表现手法却是"同宗同源"，这一点无可否认。

---

　　① 盖山林：《内蒙古岩画的文化解读》，北京图书馆出版社，2002 年，第 290 页。

图 17　土人女性（或元人之妻）特征

（5）石棺图像释读之四：图腾主题是龙

在现场踏勘时，还有一个"群体"图案引起我的极大兴趣，那便是有关
龙的图案在许多石棺画面上的反复出现，成为一种图腾。这些龙图腾刻工粗
朴而生动，而不同的石棺上，龙图腾表现出来的雕刻技艺亦略有变化，给人
以栩栩如生之感。

而且这种龙，常常是单一或多个出现在一座石棺图画中，我还勘察到有
一石棺上的龙，竟然有四条之多，它们是由四个龙头拼合而成！见组图
18，在这六幅图画上，我们可以看到各种形状的龙，"龙身短，无足"是它
们的共同特点。再仔细观察，可以发现它们有一个不可忽视的细节，那就
是：这些龙的造像形态各异，它们均有角，其中，还有两条龙长着翅羽，即
有翼龙也。

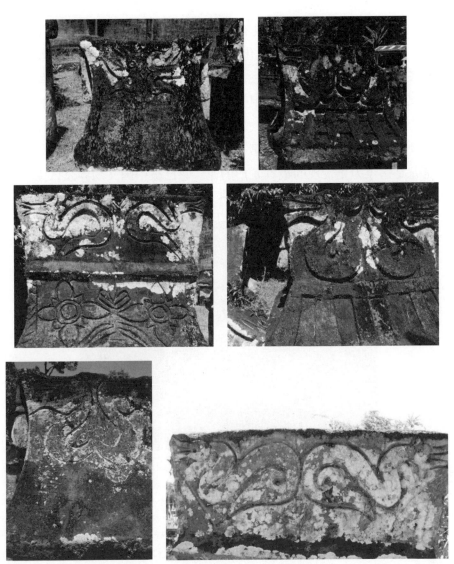

图18　石棺龙组图：元军石棺形态各异的石棺龙，嘴巴长，尾巴短小，或无尾

（6）石棺龙为什么嘴长而尾短？

游牧民族的龙图腾共性

关于印尼北苏拉威西省元军石棺上的龙图腾造像特征，在细节上更为具体。比如，其颈细、唇长，身短，无足。有龙尾者，尾巴甚短小，是一个尖突的收起，犹言"秃尾"也。这些造像统览之，大多数仅有龙首而无龙身（亦可称为"螭吻"）。

　　那么，这种独特的造像有没有"祖制"来表述呢？回答是肯定的。1971 年，在内蒙古赤峰市红山文化遗址出土了一只玉龙，玉龙呈勾曲形，口闭吻长，鼻端前突，上翘起棱，端面截平，有并排两个鼻孔，颈上有长毛，尾部尖收而上卷，形体酷似甲骨文中的"龙"字。当时的新闻报道说，它不仅让中国人找到了龙的源头，也充分印证了中国玉文化的源远流长。时任中国社科院考古研究所内蒙古第一工作队队长的刘国祥副研究员认为，红山碧玉龙是迄今为止发现的最具龙形的龙。它已被中国文物界公认为"中华第一龙"。赤峰市也因此被誉为"中华玉龙之乡"。

图 19　赤峰博物馆的标志性景观：红山碧玉龙之造型

　　考曰——

　　为什么龙有角？历史上的龙图腾，大多有角，郭璞《山海经图赞》云："龙鱼一角，……飞骛九域，乘云上升。"[1]而学术界关于龙角，大抵亦形成这一见解，龙头上的角与凤凰上的冠，都是在形象上的同一个意义。

　　元代后期的龙，其颈细、唇长，在细节上更为具体（注：见"互动百科"网"龙"）。这一点，我们可以从此组图画中得到印证：每条龙，其嘴唇都很长，夸张而有韵动感，这也形成了"石棺龙"（我们姑妄称之）的主要特征。

　　闻一多先生在《伏羲考》一文中，认为龙图腾在中国历史上占据绝对主

_____

① 引自《艺文类聚》卷九六。

导地位的演变过程，绎述了作为图腾的龙怎样蜕变为华夏始祖的一种图腾主义的中华民族心理。可以说，龙是中国文化的象征。凡有中国人的地方，或凡受中国文化熏陶的地方，都有龙的踪迹。

或质疑曰，既然石棺有蒙元人的文化元素，而蒙古族图腾是狼或其他猛兽，这又如何解释？毋庸置疑，对于蒙古民族的祖源传说，《元朝秘史》①开宗明义，是从苍狼白鹿开始的。笔者就此在呼和浩特请教过内蒙古博物院陈永志院长，陈院长告曰："我是蒙古族出身，蒙古人崇尚猛兽，一如天上的老鹰，地上的苍狼，是有其道理的。"

又，忽必烈入主中原后，也接受并融合了汉文化，包括龙图腾。今天我们依然可以在许多蒙元时期的皇家园林看到这种龙图腾现象。

这种仅有龙头而无龙身的形制，我在内蒙古草原访查时，亦有所发现。2019年6月中旬，时值盛夏，我在位于正蓝旗大都镇一个蒙胞开设的古玩铺里，收集到一对龙头马镫。马镫用黄铜铸制，镫体呈环弧状，环弧总长38厘米；镫通高15.3厘米，镫脚为椭圆形，厚度1.1厘米，周长38厘米，四周环雕祥云图案。底部有双钱眼（我注意到网上有此种镫脚为铜钱眼的元代马镫拍卖记录，拍卖的马镫为单钱眼）。

环弧形镫柄的两端各雕刻着一个龙头，龙有角而无身，口喷水柱，刻工极为精致，力感颇强，此种马具非皇家莫属。我曾经到过契丹博物馆和辽上京博物馆，留意过那里展出的马镫，皆未见龙头之饰。故可知，此对龙头马镫必是元代皇家之物也。其单只重量为888克。其中的一只，环弧下端有焊接的痕迹，可能是战场上被损坏过。又因是皇帝之用，有过焊接痕迹，可能属于"报废品"，故成色半旧。

元上都历史上曾经有元世祖忽必烈及其之后的元成宗、武宗、天顺帝、文宗、顺帝计六位皇帝在这里登基，忽必烈接见马可波罗等重大历史事件均发生于此。这里出土皇家使用过的马镫亦不是稀奇之事了。摩挲之，使人仿佛看到忽必烈脚踩马镫一跃上马，又似闻沙场上的萧萧嘶鸣声，以及那铁与火的撞击声。

或曰，中原的龙，其形制特征是身体特别长，但草原龙特征是吻长而身短，何故？带着此一疑问，笔者数临内蒙诸地踏查。在赤峰巴林右旗的契丹

---

① 乌兰校勘：《元朝秘史》（校勘本），北京：中华书局，2012年。

博物馆，展出了 2 件三彩琉璃螭吻，嘴巴长，身短小。求教于讲解员杨小姐，彼答云，中原的龙，其龙须长，龙身尤长，所表现出的是一种龙钟老态；而游牧民族的龙（草原龙），嘴长，身短，表达了犹如烈马脱羁一般的昂扬。

图 20　巴林右旗契丹博物馆里收藏的三彩琉璃螭吻，有头而无尾，是典型的草原龙

或又质疑云，龙图腾只有皇帝的宫殿和陵寝才可以使用，以表示天子上授天意、主宰一切的威权。那么，这些远在域外的石棺为什么要使用龙图腾呢？其实这也是不成问题的问题：它们是域外的华人思念故土却不能归葬故土而留下的文化印记。有相同的例子：笔者 2010 年元月，在菲律宾苏禄西王府达威达威省（Tawi-Tawi）的孟皋（Bongao），踏勘明朝郑和下西洋军士本头公庙和祀祠，在大殿的门外，设有三足香炉，炉壁四周，环雕双龙喷火之图案[①]。而且，从地理位置上看，菲律宾的达威达威与印尼的北苏拉威西岛仅隔一条苏拉威西海峡。

另外，除了龙的题材而外，石棺群里还逐一发现有太阳和莲花的图案（见图 14、龙图腾组图之三与图 21）。太阳之造型，其上，光芒若齿轮状放

---

① 拙文《古苏禄国西王府踏勘录》，收录于《郑和与亚非世界》一书，第 450—471页。该书由廖建裕、柯木林、许福吉主编，马六甲博物馆、国际郑和学会联合出版，2012 年 9 月第一版。

射。盖山林《内蒙古岩画的文化解读》页303有记，在内蒙古赤峰市黄金河流域神格面具岩画中，一些具有太阳特征的岩画，"即有光芒线者，不仅数量多，形象也较大。"

至于莲花，则是汉民族崇信佛教之图案。石棺上莲花图，呈四瓣状开放，四大瓣之间，又有小瓣若干陪衬，给人以强烈的立体感。可以说，龙、太阳和莲花，这三样反复出现的图案，是构成石棺群蒙汉文化的主题。征之爪哇诸土著图腾，皆无类似者也[①]！

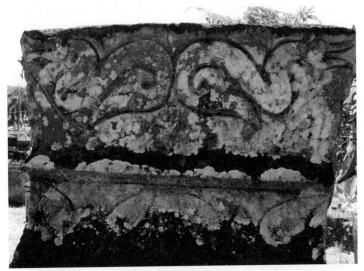

图21　云龙莲花图

(7) 关于沙湾岸石棺群之年代

关于沙湾石棺群之年代，写下这个标题，颇难考释。这是因为，遍览群棺，其上根本找不到具体年代的记录。

那么，可否从石棺画中寻找到蛛丝马迹，用以证实其年代的印痕呢？

有戳纹印记

在一座具有蒙古人特征的石棺画面上，有戳纹印记，戳纹为六个菱形状，呈连续性排列，位于该石棺"片瓦"之右侧。此种几何图案组成的戳纹

---

① 孔远志《印度尼西亚马来西亚文化探析》"图腾崇拜"云，水牛或牛角是苏门答腊故国的民族图腾；虎豹是印尼南部巴比亚特氏族的原始图腾；猫则是锡博士博士（Sipospos）族的图腾；猿和山羊是锡勒加（Siregar）氏族的图腾，等等。均未述及龙、太阳和莲花。

印记，笔者曾在内蒙古博物院的蒙元年代展厅里看到过相似的图案。再者，相关的蒙古族文物，我看到《呼伦贝尔民族考古大系——新巴尔虎左旗卷》一书，"辽代陶器"章节，有此类似戳纹陶器片数枚，其图片说明是："腹部有刻划的双凹弦纹和三角纹"[1]。

通过仔细勘查，还在石棺上发现一个显示出文化特征上的重要细节，即墓主年代稍晚者，还刻有大写的M字母，而早期的石棺则有戳纹而无此字母标识。

蒙文甚难描摹，早期流寓在此的元军，多为汉人，他们不识蒙文，但亦不会标识"M"，原因很简单，"蒙古"一词最早出现在印尼的古碑中，应为荷兰文"Mongolië"，概在明末始出现也[2]。1512年，一心想垄断香料贸易的葡萄牙人来到这里，1607年荷兰人在望加锡（Kota Makassar，为印度尼西亚南苏拉威西省的首府，亦是苏拉威西岛上最大的城市）建起殖民点，嗣后荷兰的势力在岛内逐渐扩展。故笔者勘定，这座刻有大写M字母的石棺，墓主落葬年代应在17世纪初。

图22　石棺上有戳纹印记

① 中国社会科学院考古研究所等主编：《呼伦贝尔民族考古大系——新巴尔虎左旗卷》，北京：文物出版社，2014年，第120页。

② 详见孔远志《印度尼西亚马来西亚文化探析》，"基督教和天主教在印尼"，香港：南岛出版社，2000年，第43页。

图 23　刻有大写 M 字母的石棺，墓主落葬年代勘定在 17 世纪初

四、关于北苏拉威西省元水军遗存四点认识

综合以上的踏勘和考证，发现有三。

其一，诸多石棺上反复出现了龙图腾，以及太阳和莲花图案；

其二，生活在米那哈撒地区之特殊族群，从他们的姓氏上分析，都带有蒙元时期所沿袭下来的诸多历史遗痕；

其三，一些刻有 M 字母标识的石棺，为荷兰文对"蒙古"名词之缩略，其落葬年代应在荷据苏拉威西岛之后。

其四，流落在北苏拉威西岛上的蒙元水军，他们操何种语言？这是一个十分有趣的问题。前已有述，在考察之际，我把一些自然现象、人的器官、动物以及日常生活用具等当地语言一一列出，并且把这些语言与爪哇语和米那哈撒语又一一进行比对，最后得出结论，所列出的 23 个单词之中，有 16 个是与爪哇语或米那哈撒语迥异。而述及语言这一点，我们不得不先了解一下蒙元时期忽必烈朝廷所通用的是何种语言。蒙元时期，蒙古贵族独尊"国语"，甚至在一些汉人聚居区也强制使用蒙古语。元朝宫廷里说蒙古语，然而元朝统治下的绝大多数臣民毕竟是汉人，对汉语言文字不能置之不理。这种情况下，在元代政治生活中，出现了一种奇特的汉语文体，称之为"硬译公牍"。今天，我们打开《元典章》，仍然可以读到 700 余年前的元人（上层人物）所撰写的公文，它们词语奇特，句法乖戾。

"译无定言，声多数变，元史之难读，视他史尤甚也。"这些奇特的公文大都出自汉人文官之手，目的是为了让皇帝和贵族看得懂，亦是为了忠实于蒙古语原文。以此比照，我们再还原北苏拉威西岛上的蒙元水军通用的语言，会否与元代流行的那种词语奇特、句法乖戾的硬译式语言有某种相同或相通之处呢？

论曰：至元三十年（1293 年）夏，印尼北苏拉威西省米那哈撒地区曾经生活着一支蒙元水军残部，他们说着奇特的语言，娶土女为妻，结缡生子，繁衍后代，死后被族人葬于石棺（棺内亦间有其土著妻妾和子女）。石棺已知总数 144 座。最可注意者，所有石棺朝向俱朝北方，其寓意先人来自北方的中国；棺上雕刻龙图腾或太阳等图腾，带有显著的蒙汉文化特征。而所雕刻之人像，亦具有"面横阔，颧骨高，鼻稍平"等时代特征。

五、云烟留痕

2023 年 4 月 5 日始，经印尼哈山努丁大学孔子学院副院长刘丹丹教授的牵线，我与安汶的华裔邓伦安先生取得联系和沟通，遂第三次赴印尼东爪哇泗水（土人谓之苏拉把牙），冀由此而飞赴马鲁古群岛安汶（即我国古称之香料群岛是也，土人谓安波娜），踏访另外一支元朝水军后裔"沙顿族"的历史与现状。其后虽因健康原因提前返国，停止踏勘而未果，但新近发现的史料，即关于北苏拉威西省及附近香料群岛上的蒙元水军后裔活动轨迹，不断给我提供线索与信息，充实证据链。谨以补牍形式，述之如次。

蒙元水军残部踪迹之一：香料群岛上的"沙顿人"

笔者在上海图书馆近代史料部查阅史料时，在 1935 年 1 月出版的《新民月刊》里，读到《安斑澜岛王张杰诸》一文，该文是收录在月刊的"杂俎·南洋人物志"栏目中。文章的开头有这样一段话：

今南洋爪哇群岛，已经尽为荷兰人之殖民地，吾侨胞之旅居其地者，无不蜷伏于其势力之下，婉转呼号，倍感困苦。然当十九世纪末，有潮州人张杰诸者，当王于爪哇帝汶间之安斑澜岛（即香料群岛之一），胜土酋，欲强寇，召集侨胞，殖民其间，后虽见夺于荷兰人，然其兴功伟业，实可记也。

宋之亡也，其遗民多逃海外，而元世祖远征爪哇，无功而返，其溃兵亦多留于海上，中有一部家眷至安斑澜岛，互为婚媾，间或与土人相嫁娶，久而久之，自成一族，厥民【沙顿】，约占全岛人口七分之一，土人恃众，恒籍故欺凌，沙顿人自度实力弗胜，难与为敌，只得隐忍，会杰王贸易至岛，于沙顿人念及本同源，认为弟兄，遂居焉！

安斑澜岛，亦就是安波娜岛，华人谓之安汶，属于南马鲁古群岛的省会。在我国古代文献中，它与北马鲁古群岛合称香料群岛。从文中可以知道，沙顿人是蒙元水军残部与其眷属，其中亦有士兵与当地土著互为婚媾，间或与土人相嫁娶。

蒙元水军残部踪迹之二：博物学家华莱士接触过鞑靼人

1854年3月，英国博物学家华莱士离开英国前往爪哇及马鲁古群岛，目的是发掘并采集西方世界不曾知悉的动植物种。他在海岛之间流浪8年，在此期间于1858年10月至1859年4月，在其中的一座岛屿巴占岛上，发现了一个皮肤白皙、勤于稼穑的异种人——鞑靼族。华莱士在他的考察记里写道：

（他们）是由西里伯斯东半岛上Tomoore迁徙而来，这个社群数年前因被他族追杀而自己请求迁移此岛落户。他们的面孔相当白，有开朗的鞑靼族长相，身材矮，语言与武吉士人类似。他们是勤奋的农人，供应城镇蔬菜。他们会制造很多树皮布，有如波利尼雅人的塔帕布……①

华莱士在此处自注云，"鞑靼族（Tartar），指居住在中世纪时受蒙古人统治的自东欧到亚洲的广大地区的民族"。从这一条信息可以知道，蒙元水军残部被逼进原始森林之后，与外界隔绝，遂发明了塔帕布，实行了自给自足的农耕生活。

尤可注意者，鞑靼族的语言说的是Tomoore语及托莫洪语（Tomohon），此两种语言极相类，在苏拉威西岛北部地区（华氏称西里伯斯岛）流行，范围亦即笔者在北苏拉威西省哥打莫巴古市莫达祥镇（Modayang）考察的小村镇②一带，见手绘图3，其地的石棺群与沙湾岸石棺群由东透西而绵延，连成一片，蔚为壮观也！

---

① 〔英〕阿尔弗雷德·罗素·华莱士著，金恒镳、王益真译：《马来群岛自然考察记（下）》第24章"巴占岛"，"各具特色的人种"，上海文艺出版社，2013年，第57页。

② 上书，附录二，"收录词汇表"，第359页。

六、结论

寻根在海外华人思想意识中最为重要。寻根问祖的过程，也是寻梦之旅，更是一种家国情怀。蒙元时期，无论是汉族还是蒙古族，亦包括其他少数民族在内的所有中国人，对"国家"这一概念，有了"中华民族多元一体"这个新的认知和新的构建。唯鉴于此，700 余年前散落在印尼苏拉威西岛的蒙元士卒及其后裔，他们虽然失去了"行国随畜"①的游牧生活，在风俗习惯上趋向于本土化，比如娶土著女子为妻，加入了所在国国籍，等等；但是，他们所崇尚石棺（墓葬）一律朝着祖籍国的葬制，他们延续下来的姓氏，以及所崇尚的龙图腾文化之中，蕴含着丰富的关于认祖归宗、民族融合的思想和理念。此种思想和理念，阐释了海外游子心中的强烈的归根情结。而所有这一切，是对他们共同的母体、祖籍国和"根"的一种深切关注和记忆。蒙元水军及其后裔虽然羁旅异邦，但此种情结并没有因为岁月的推移和时事的变迁而改变，他们用刻石记事的方式，告诉世人，中华民族的根不仅融化于他们的血脉里，留存在他们的容貌中，并且深深刻印在他们的心坎里！正如一首古诗里所吟唱的：

风雨漂泊异乡路，
浮萍凄清落叶飞；
游子寻根满愁绪，
一朝故土热泪归！

2018 年 7 月 23 日，大暑 脱稿
2018 年 8 月 7 日，立秋 改定
2023 年 4 月 22 日补牍
于沪渎之滨慈恩庐

---

① 行国随畜，语出《史记》"大宛传"。行国，通俗一点说，就是行走的国家，亦即不土著。与其相对的叫城国，城国有城屋，有商贾互市。"随畜移徙，与匈奴同俗"，蒙古在成吉思汗时期，还是以畜牧业为经济基础的国家，而在忽必烈时期的元朝，既有行国，也有城国，兼具边疆畜牧业与中原地区农商两种经济。

附记：

关于南海区域所在国古代水军之研究，在海内外学术界一直乏人问津，属于弱项。1919年，法国学者费琅著《昆仑及南海古代航行考》，于"爪哇吉蔑占波中国之海军"一章中，开篇就指出："此种南海土著海军问题，虽甚重要，然据予所知，尚无人研究及此。"[1]

陆峻岭在该书的"补注"中亦说："古代南海史地之学，包括范围广大……中西典籍，向无专书记载。欲求得正确之考证，非有宏博学识，不足辩此。"今笔者以浅薄之学，敢不揣鄙陋，亦望学界同仁指谬。

此篇拙文撰写甚艰，时间跨度亦长。若从2010年林新顺先生告知第一线索算起，到之后不断翻检文献资料，并赴实地进行调查，厘清历史真相，其间整整经历了8个年头。其后5年，又陆续发现新线索和有价值的信息，以"十数年磨一文"喻之，一点不为过也。

首先要感恩中国科学院院士、我国造船科技发展史研究之奠基人杨槱教授，他在期颐之年（101岁），作为拙文的第一位读者审阅并写下了至高的评语：

"这是学术界首次发现爪哇水军的考察。通读了一遍，十分佩服徐作生同志为查究此事所付出的艰巨劳动。"

我在实地踏勘之时日，适泗水连续发生恐袭之际。感谢印尼哈山努丁大学孔子学院刘丹丹副院长及泗水大学孔子学院肖任飞院长，他们在我只身飞赴万鸦老时，即电话联络了北苏拉威西省领事保护机构派员迎送，从而保证我在彼处的人身安全。在沙湾岸古迹遗址，感谢北苏拉威西省华文教育协调机构主席徐启忠先生在百忙中抽暇一路驾车陪同。米那哈撒族女生妮娅克服晕车和呕吐，帮助我完成在莫达祥镇（Modayang）杜嵩（Duson）村对民族成分及语言的调查，她的俏丽和坚韧，至今令人难以释怀。最后还要提及内蒙古师大历史系教授曹永年先生，感谢他给我仔细审稿和慰勉，并给予了充分肯定。内蒙古博物院陈永志院长亦在百忙中对实地踏勘图片进行中肯的评判。

---

[1]〔法〕费琅著、冯承钧译：《昆仑及南海古代航行考》，"爪哇吉蔑占波中国之海军"，北京：中华书局，1957年，第39页。

本文的第一稿（演讲稿）此前已经被收录在中国社会科学出版社出版的《郑和下西洋与 21 世纪海上丝绸之路》论文集中（第 159—188 页，2020 年 9 月第一版），所以现在刊出的是详细的补充版本。

此时此刻，当我在稿纸上落笔写下最后的完稿日期时，我是怀着感恩的心，向所有帮助和支持过我的人们再说一声，谢谢！

东南亚历史文化研究

"侨儒""侨僧"与中华文化在越南的传播
及其对接方式

高伟浓①

【内容提要】古代中华文化对越南传播，与其说是因为文化由高处流向低处的常势使然，毋宁说是由于越南得"近水楼台"的区位优势所致。上苍给中越两国造就了山水相连、水陆交通两便的地理格局，因而"汉启海运"，平南越，设九郡，其中交趾、九真、日南三郡的地域相当于今越南北部及中部地区。汉文化从此南播异域，与越南当地文化相结合，久而久之，越南形成了自己的民族文化。

【关键词】侨儒；侨僧；中华文化；越南传播

中华文化的传播需要多种因素，其中最重要的因素，莫过于文化精英一代接一代矢志不渝的经营。在这方面，有两类型精英人士尤为值得注意。一是熟习中华文化经典的落籍越南的当世名儒，他们本为中国人或祖上是中国人，在越南为仕，有的属第一代，有的已属第二、三代；二是来自中国的佛学精深的高僧，只为传播佛学而迁徙越南，多留越不归。如此看来，这些名儒和高僧均可以粗略地视之为今世之"华侨"，前者姑称之为"侨儒"，后者姑称之为"侨僧"。"侨儒"在越南主要是传播儒家经史子集，"侨僧"则主要传播禅宗理论。实际上，这些僧人对儒家典籍也十分精通。应说明的是，公元 968 年，越南丁部领建立"大瞿越"国，标志着越南脱离中国的郡县统治而走向独立。此后，从中国移居越南的"侨儒"，如入籍当地，始为越南人；移居越南的"侨僧"，方为越南僧侣。

---

① 作者简介：高伟浓，暨南大学国际关系学院、华人华侨研究院教授，博士生导师。

一、历史上进入越南的"侨儒"与中华典籍之南传

中国历朝文人学士移居越南者不知凡几，有因南徙越南讲学，为仕为宦，也有于改朝换代之际为避乱而迁徙越南，短暂羁留，伺机北归。他们在越期间，悉心播植中原教化。例如，东汉时在交趾、九真任太守的锡光、任延以及士燮，重视当地的文化教育，大力提倡诗、书、礼、乐，殚精竭虑，视为己任，使交趾由原始社会渐至"粗通礼化"，"始知种姓"。唐代以降，大批中原知识精英相继寓居交趾，其中有刘禹锡、杜审言、沈佺期、张籍、贾岛等。[①] 他们都是大唐著名诗人，在寓居地自是风骚不曾稍减，赋诗论文，著书释义，言传身教，一时文风骎骎，对越南的文化沿衍影响殊深。这些文化大家都是一时南去而复归中国的，也有人因其祖上去而不归而被越南人奉为大师者，在越南生下的第二、三代，亦为一代文化豪彦，光耀山河。下面且举几例：

郑天赐（1711—1780年），字士麟，为清初率部入越的郑玖之长子。越南肃宗皇帝丙辰十一年（1736年）春，以天赐为河仙镇都督。天赐遂于分置之衙属练军伍，起城堡，广街市，复招来四方文学之士，开招英阁，日与讲论唱和，有"河仙十咏"问世，风流才韵，一方称重，酬和者众，自是河仙始知学也。河仙及附近地方，遂成为弘扬汉文化之中心。[②] 天赐也是一位著名诗人。据《大南列传·前编》卷六《莫天赐本传》载，河仙十景皆天赐唱，时有清人宋璞、陈自香等二十五人，国人（指越南人）郑莲山、莫朝旦等六人和韵。集中凡三百二十篇，天赐为之序。天赐逝世后，越南诗人在其祠堂里撰写了许多楹联，以表尊崇。其中有联云："河仙自古称诗伯，嘉定如今法将才。"[③]

郑怀德（1765—1825年），号良斋，祖籍福建长乐，世为宦族。祖父郑

---

① 参见王士录、刘稚：《当代越南》，成都：四川人民出版社，1992年，第220页。

②《大南实录》列传前编卷六《郑天赐》，收录于中国社会科学院历史研究所《古代中越关系史资料选编》，北京：中国社会科学出版社，1982年，第647页。

③ 陈荆和：《河仙总镇莫天赐的文学著作》（专论《河仙十咏》，日文），载《史学》第40卷第2—3期（东京1967年），第149—221页。转见〔法〕苏尔梦：《华侨对东南亚发展的贡献：新评价》，收录于《南亚东南亚评论（第3辑）》，北京大学出版社，1988年，第166页。

会，于明末清初留发南投，客寓越南边和。1788 年在越南应举，授翰林制诰，清嘉庆六年（1801 年）任户部参知，清嘉庆七年（1802 年）任户部尚书，并充清正使，清嘉庆十三年（1808 年）任嘉定协总镇，清嘉庆十七年（1812 年）任礼部尚书，清道光元年（1821 年）明命王受协办大学士。清道光五年（1825 年）去世，被封赠少保勤政殿大学士。怀德是个历史学家，著作甚多，有《历代纪年》《康济录》《华程录》《嘉定通志》以及《北使诗集》《嘉定三家诗集》和《艮斋诗集》等。惜流传至今者，唯《嘉定通志》与《艮斋诗集》。《嘉定通志》是一部史地著作，详述越南南圻各地建置、疆城、风俗、物产及城池，涉及历代沿革和华侨事迹，是研究南圻历史地理和华侨的宝贵资料。怀德亦曾任越南阮氏两朝大臣，善文工诗，诗作丰富，为当年嘉定著名诗人。[①] 在诗坛上颇负盛名，曾与好友结诗社，名曰“嘉定山会”，常与诗人吴仁静、黎光定和诗，集成《嘉定三家诗集》。郑怀德已是第三代华人，融入当地极深，但因越南奉行儒教，因此他除了具有越南国籍外，与中国人的文化修为几乎无异。又在越南为官作宦，造福一方。观古往今来，中原士人及其后裔在越南为官者不知凡几，怀德乃其中佼佼者然。

吴仁静（1769—1816 年），字汝山，祖籍广东，明末南渡，流寓越南嘉定，属第一代华人。仁静自幼有才，工诗。既入越，初入仕阮世祖，为翰林院侍学，世祖嘉隆十一年（1812 年）任工部尚书。并出任嘉定协总镇。爱好文学，长于吟咏，有《汝山诗集》行世。[②]

潘清简（1778—1867 年），祖籍福建漳州，父母因“义不臣清”而流徙越南，成了明香人。清简属第二代华人，在越南为官。他学识渊博，不仅是当世越南著名的历史学家，还是优秀的诗人和文学家。其著作主要有《梁溪诗草》和《卧游集》，还与范富庶合著《如西使程日记》，又主持编修《钦定越史通鉴纲目》和《大南（正编）列传》等。他的著作在越南占有十分重要的地位。

---

① 黄理等编：《越南诗文合选》第三集，河内文化出版社，1963 年，第 347 页。转引自徐善福：《17—19 世纪的越南南方华侨》，收录于《华侨华侨史论文集（二）》，北京：海洋出版社，1989 年，第 202 页。

②《大南实录》正编列传初集卷一一《吴仁静传》，载中国社会科学院历史研究所《古代中越关系史资料选编》，北京：中国社会科学出版社，1982 年，第 661 页。

　　清雍正十二年（1734年），越南政府曾下令禁止中国输入书籍。[①]尚不完全清楚越南禁止输入书籍的原因，禁书的时间有多长，但估计是权宜之计。由于越南民间早已形成了对中国书籍巨大的文化需求和文化市场，非人为因素可以轻易遏止，其实当时中越两国间仍有书籍交易。至19世纪40年代，有越南韵文字喃小说在广东佛山印刷。在这些版本的扉页中，还印有西贡发行者的姓名。[②]中国文学作品在越南流传，一部分为华侨直接带去，更多的是在当地译成越南文字。1907年，《三国演义》被译成越南文。[③]

　　鸦片战争后，大批中国人移居越南，大量中国古典优秀文学作品因而被介绍和传播到越南民众中，如《东周列国志》《东西汉演义》《封神榜》《红楼梦》《西厢记》《水浒》《西游记》《儒林外史》《薛仁贵东征》等，均在中国源远流长，世人耳熟能详，传入越南后，则家喻户晓，人皆争阅。这些读物在18—19世纪已有用"喃字"韵文写成，后来改用拼音文字翻译成越文。[④]

二、历史上进入越南的"侨僧"与禅宗思想的流播

　　历史上，越南官方鼓励佛教传播，这与华侨僧人的活动分不开。有趣的是，历史上华侨入籍越南的原因五花八门，但以僧人身份移居越南者很少。明代以前，求法高僧倒有不少，单《大唐求法高僧录》里记录的有名有姓的僧人就数以十计。值得注意的是，他们跟法显、义净、玄奘等中国历史上的名僧一样，都是"求法僧"，而非"传法僧"。越南是历史上来自中国的传法僧较集中的国家之一，主要是传播作为中华文化组成部分的中国禅宗思想，或创建佛寺，或为佛寺住持，在居住地践行禅宗"明心见性"的内省式修持理念。虽然出国的原因错综复杂（亦含避乱等），但他们去国离乡，赴越弘法，义不容辞，也是在越南居住下来的基本动因。他们同时带去了中国的佛教经典，在越南开创禅寺，培养了许多著名的当地禅师，为越南佛教注入了

---

　　① 见〔法〕沙蒙：《中国传统文学在亚洲》，译文见《中外关系史译丛（第3辑）》，第115页。

　　② 吴凤斌主编：《东南亚华侨通史》，福州：福建人民出版社，1994年，第484页。

　　③ 吴凤斌主编：《东南亚华侨通史》，福州：福建人民出版社，1994年，第485页。

　　④ 李泰山：《越南漫笔》，北京：中国文史出版社，2008年，第32页。

新鲜血液。就其移民身份来看，传法僧也是华侨，但应属特殊的华侨，因其本质是僧人，自然安守出家人本分，以弘扬佛法为己任，独居林泉，罕与俗世华侨交往，即使在同为出家人的"侨僧"间也交往不多。

早在越南独立前的公元 820 年，中国广州籍无言通禅师已移居越南，住持北宁省建初寺（今寺内尚存其像），创立无言通禅派，传白仗怀海禅法。无言通禅派从公元 9 世纪起，到公元 13 世纪的陈朝止，共传承 16 世，法脉绵延近 400 年。其中第 10 世辨才禅师，为中国广州人。他在李圣宗时期移居越南，住持万岁寺（今河内西湖边的万年寺），跟随越南通辨禅师习禅，得旨并奉救编修《照对录》。

据越南史籍《安南志略》和佛教典籍《禅苑集英》记载，草堂禅师本系中国人，祖籍未详，后来随师傅到占城（今越南中部广南省一带）弘法。公元 1069 年，越南李朝圣宗皇帝率兵征占城，草堂禅师被圣宗误作俘虏，带回李朝国都升龙城（今河内）。起初圣宗不知道草堂禅师是一位高僧，将他赐给当时一位僧录（即管理僧侣事务的官员）为奴。一日僧录外出，将禅学语录手稿放在桌上，草堂禅师发现语录中多有错误，便加以修改。僧录回来见语录被修改，大惊。得知是草堂禅师所为时，僧录便向圣宗推荐草堂禅师。圣宗延请草堂禅师主持升龙城开国寺（今河内镇国寺），并封为国师。圣宗本人也成为草堂禅师的弟子。草堂禅师在越南主要传授中国云门宗雪窦重显的禅法。他创立草堂禅派，传六世，法脉绵延近 200 年。①

又据越南佛教典籍《陈朝慧宗上士语录》卷首之《略引禅派图》及《陈朝禅宗本行》载，13 世纪，中国漳泉人天封禅师将临济禅传入越南，传给越南陈朝太宗皇帝和大灯禅师，大灯禅师传给陈圣宗和逍遥禅师，逍遥禅师传给慧忠上士，慧宗上士传给越南竹林禅派的创始人陈仁宗。因此，越南竹林禅派与中国临济禅派的关系非常密切。

明末清初，中国王朝鼎革，社会激烈动荡，波及禅林，大量中国禅僧移居越南。其中拙公和尚与元韶禅师是明末清初赴越南北方和南方弘法的岭南籍"侨僧"代表，被视为越南北方临济宗的开山祖师，也被奉为笔塔寺第一代祖师，现该寺祖堂内仍奉其木像，其肉身像至今仍存于佛迹寺祖堂内供

---

① 谭志词：《侨僧与中华文化在越南的传播及其启示——以在越南的田野考察和碑刻史料为基础的分析》，载《八桂侨刊》，2009 年第 4 期。

奉。他的出国不仅是明末中国社会动荡和禅林危机直接影响的结果，也与17世纪福建移民潮、福建海外交通的便利以及他本人具有"代佛宣扬佛法""普度众生"的弘法理念和"士不怀居"思想密切相关。拙公和尚来到越南北方时（约1633年），越南社会正处于郑、阮纷争时期，兵焚联绵，禅林凋敝。拙公便以河内、北宁等地为中心，广播中国临济禅宗思想，为越南培养佛学人才。在他影响下，越南北方形成了拙公禅派，传承10代，绵延近200年。拙公和尚还把大量的佛教典籍带到越南，其中有一种专门祭供水陆孤魂的经书——《水陆诸科》，还包括仪式，都带到越南，颇受黎氏朝廷、郑主及土侯公卿们欢迎。《水陆诸科》从此在北方寺院中广泛使用。后来，根据郑主郑棂的要求，拙公和尚又派其弟子明行禅师回中国"请经"。经书"请"回后，藏在北宁省佛迹寺，有一部分已刊刻，刻板均存于佛迹寺。[①]

据《现瑞庵报严塔碑铭》和笔塔寺木扁，欧阳汇登号体真，系"清源山"人，亦为佛门居士。"清源山，又名泉山、北山，在今福建泉州市东北"。欧阳汇登是一位颇有才华的佛门居士，与拙公和尚均系福建人。他很可能与拙公和明行禅师一样，均在明末移居越南，当拙公在升龙（今河内市）看山寺时，他经常去听拙公说法，还与拙公"同居数月"。1642年，笔塔寺重修完毕，拙公应邀去住持笔塔寺，他又与明行禅师一起为该寺书写两块木扁。可见，他与拙公和明行禅师交往甚密，故拙公圆寂后，明行禅师请他为拙公报严塔撰写塔铭。他很可能属于明末逃禅之儒士之一。[②]

拙公和尚在高眠国（即高棉）讲法时（讲法地在今越南南部），得到国士的厚待。他在越南北方讲法时，越南后黎朝皇帝黎神宗（1619—1643年）亲临听法并向拙公和尚请教"世法有生灭，佛法无生灭"等问题。1644年拙公和尚入寂后，黎神宗为其赐谥"东都始祖"，特封"明越广济大德禅师肉身菩萨"。越南北宁省的佛迹寺、笔塔寺、览山寺等寺院有多通石碑载录其名字和功德。

"谢元韶，字焕碧，其先广东潮州人。年十九出家投报资寺。（越南）太尊皇帝乙巳十七年（1665年）从商舶南来，卓锡于归宁府，建十塔弥陀

---

① 谭志词：《侨僧与中华文化在越南的传播及其启示——以在越南的田野考察和碑刻史料为基础的分析》，载《八桂侨刊》，2009年第4期。

② 谭志词：《清初广东籍侨僧元韶禅师之移居越南及相关问题研究》，载《华侨华人历史研究》，2007年第2期。

寺，广开象教。寻往顺化（今承天府）富春山，造国恩寺，筑普同塔。又奉（越南）英尊皇帝命如东求高僧，得石濂和尚。及还，住持河中寺。僧众造化门塔藏舍利。显尊赐谥曰行端禅师。"[1]据越南史籍和碑刻记载，元韶禅师30 岁赴越南中部弘法，直至 81 岁圆寂，侨居越南长达 51 年。他和弟子及其他的中国禅师，对中国临济禅宗在越南中部的传播做出很大贡献。越南中部形成了一个独立的禅派，称"元韶禅派"，可见他的影响之深。该派法脉绵长，从 17 世纪起，至今已传承了 12 代，且仍在传承。元韶并非在越南中部传播临济宗的第一人。在元韶到达顺化之前，上述之拙公和尚及明行禅师已在那里传播临济宗长达七八年。元韶禅师入寂后，阮主阮福澎为其赐谥"行端禅师"，并在国恩寺为其塔御撰以"欲万世人仰慕善道"的塔铭。[2]

"觉灵，号玄溪和尚，广东人。临济正派三十五世也。少好游侠，精武艺，以仇杀人，遂逃于禅，初航海至东浦为游方僧，既而往顺化卓锡法云寺（今改天福），精于禅学，僧徒日众。人闻其精武艺，有愿学者亦教之不拒。久之，其徒恐师有秘其术不尽传授，一日坐食方丈，暗挟铁锥。从背后挥击。觉灵闻锥声，举箸拨其锥掷去，其艺之精如此。"[3]按照此处所述，觉灵已非一般禅僧，还有非凡的武功，能听声出手，从容化厄，面不改色，颇具传奇色彩。这种佛门人才，也许只能在当今的武侠电视剧里方可一见。不过也说明，今天电视剧里的这类镜头，并非全为虚构，至少玄溪和尚算是有史可证的一个例子。

蒋光廷，北宁省佛迹寺《普光塔碑记》的作者，该碑立于黎朝景治二年（1664），内容主要追赞郑主郑之外孙女、明行禅师之弟子黎氏玉缘公主（法号妙慧）苦志修行之事。蒋光廷撰此碑铭于 1664 年，此前他已在越南"目击"黎氏玉缘公主在佛门苦修十余年的经历，当公主 49 岁，为自己建塔时，请他撰写塔铭。由此可知，蒋光廷系明末清初移居越南北方的明朝遗

① 《大南统一志》卷三《承天府》中，载中国社会科学院历史研究所《古代中越关系史资料选编》，北京：中国社会科学出版社，1982 年，第 619 页。也参《大南实录》列传前编卷六《谢元韶传》。

② 谭志词：《侨僧与中华文化在越南的传播及其启示——以在越南的田野考察和碑刻史料为基础的分析》，载《八桂侨刊》，2009 年第 4 期。

③ 《大南一统志》卷三《承天府》中，载中国社会科学院历史研究所《古代中越关系史资料选编》，北京：中国社会科学出版社，1982 年，第 668 页。

民，且与佛门关系密切。[①]

此外，见诸名字的明末清初来越南弘法的"侨僧"还有明海法宝禅师、法化禅师（福建籍），明行禅师（江西籍），明弘了融禅师、觉峰禅师、兴莲果弘国师、觉灵禅师（广东籍）及祖籍不详的慈林禅师、济圆禅师等。实际上，上述禅师可能只是明末清初在越南弘法的"侨僧"的部分代表而已，根据17世纪在越南中部传播天主教的西方传教士贝尼涅·瓦切特称，大约在1677年（元韶赴越时），一天，他参加一场在阮主之婿家举行的佛教徒与天主教徒之间的辩论会，看见在场的佛教徒包括中国人和越南人在内，约有30—33人。至1695年，广东石镰大汕和尚在顺化禅林寺传戒时，"及下座，见当机皆中华僧及余随杖两序"。[②] 这些资料表明，在17世纪中叶，有相当多的中国禅师到越南中部地区弘法，只是很多人的名字湮埋莫闻而已。

古代中越两国的佛法交流是双向的。不仅有华侨僧人到越南弘法，也有越南禅师北上中国取经。例如，在十七八世纪，性泉湛公和尚和水月禅师就是这样两位越南僧人。由于他们的身份与华侨无关，这里就从略了。

中华文化以儒、道、释的杂糅为特色，实际上儒、道、释不分，互相渗透。历史上的中国高僧平生所学，绝非只是佛学，而是包括融汇于佛学之中的儒家传统文化。故高僧传佛，说到底是传播中华文化。这种历史影响直到今天还存在。在越南，后世很多作为"儒"学重镇的学校，是跟作为"释"教门户的寺庙建在一起的。一说越南所有华人的学校旁边，建有寺庙。在胡志明市，几乎所有学校和寺庙都连在一起，有时候学校和寺庙共用一个大门进出，大门后有一个院子，院子里面分开两个门口，一个门口进到学校去，一个门口进到寺庙去。平时学生都在这院子活动，华人在每月初一、十五、三十日，都可以进寺庙里烧香拜佛。到一些重要节日，很多人都来寺庙烧香拜佛，烟雾缭绕，为不影响学生上课，那天可以放假。[③] 学校跟寺庙建在一起，应是越南的创举和特色。所以有此创举，一个合理的解释是，作为儒学教化中心的学校，与作为经营"国教"性质的佛教寺庙，一直存在着密不可

---

① 谭志词：《清初广东籍侨僧元韶禅师之移居越南及相关问题研究》，载《华侨华人历史研究》，2007年第2期。

② 谭志词：《十七、十八世纪岭南与越南的佛教交流》，载《世界宗教研究》，2007年第3期。

③ 裴雪贞：《越南胡志明市华人教育现状》，广西大学硕士学位论文，2011年。

分的关系。官府和民众都认为，儒家的学问与佛教的学问是相通的。

华人的寺庙不仅是人们膜拜神灵的场所，同时也是华人的帮会、学校、图书馆、体育馆等等。逢年过节，这里的管理者都会主办一些节目，比如拍卖中国传统龙灯等。这些活动旨在募捐善款来重修寺庙、学校，或用于其他公益事业。有所不同的是，华人寺庙和家中还供奉孔子。在胡志明市有几家会馆，是专门为了华人的信仰而建设的。另外，华人的佛教信仰跟京族没有太大的区别，即信圣人和神仙神灵。寺庙中，经常可以看见天后娘娘、观音菩萨、关公、包公。胡志明市在家中，除了信奉上述神灵外，还普遍信奉土地公公、神财、弥勒佛。

三、中华文化"四库"体系与中越传统文化的独特对接方式

众所周知，由于地域、交通、种族等多方面的原因，传统中华文化首先向周边地区传播与辐射，到了一定时候，又形成周边不同区块的文化对中国的反馈，如此潮去潮来，形成"文化交流"的互动局面。一般来说，历史上能够对中国形成反馈的中国周边地区的文化区块，最著名的是越南、朝鲜和日本等周边国家。几千年文化交流的过程，逐渐形成了一个以中国（主要是中原地区）为中心的"汉文化圈"。有充分的理由相信，就东、南、西、北四个方向而言，越南自古以来都是东南亚地区接收与反馈中华传统文化流势最强的国家。主要表现有二：其一，越南从来都是中华文化流向南洋的第一接收站，当然也是中华文化在东南亚地区的最早"发酵"地；其二，自古以来，传统中华文化对越南人文社会各领域的浸染是最广泛和最深刻的。中国移民迁居越南，不仅带来了中国先进的科学文化，而且带来了中国的习俗与文化，使越南的许多地区处处洋溢着中国文明的气息。例如，潘安镇"文物器用多与中国同"，边和镇"其文物服饰与华风同"，河仙镇"习尚华风"。百姓的日常生活，"冠婚丧祭之礼"，"依如中国"；节庆节日，"多如华制度"。阮氏政权曾经公开提倡中国服饰，其"文武官服，参酌汉唐历代制度"，使"士庶服饰器用，略如明人"。在越南的教育上，"士尚诗书"，"国人皆学中国经籍"，文人以中国诗词相唱和。越南自身创立的民族文化，离不开中国文化的基础铺垫和不断渗杂。传统中华文化的传播，当然有利于包

括越南在内的后开发地区的社会进步与经济发展。①

迄今没有谁分析、比较过中国与越南双方文化对接的基本方式。在中国儒学南传的漫长进程中，在中国禅宗思想南播的过程中，汉语是越南的官方语言，越南朝廷发布谕旨、政府公文和民间阅读文学作品都使用汉字。儿童接受教育都从《三字经》开始，接着是"四书""五经"。很多越南老一辈还擅长汉字书法。公元13世纪越南出现了喃字。据云今越南语中，从汉语借来的词汇占越南语词汇的60%以上。只是到了1858年至1954年越南沦为法国殖民地的长达98年的殖民统治期间，法国政府才创造了现在使用的拼音文字。

在东南亚国家中，唯有越南所接收的传统中华文化是全方位的，其内在构造是高度"中国化"的。中华传统文化对越南的影响，不仅表现在汉语言文字的使用上，更重要还是表现在传统中华文化传播过程中的对接方式上。不难明白，在文化传播中，文献与经典的传播和交流是至关重要的。在古代，传播和交流的媒介除了可供完整阅读的纸质文献与经典外，还有学子们的口头交流。口头交流实际上更重要，因为它所涉及的时间和空间都广阔得多。问题是，口头交流所反映的文献与经典内容基本上是"碎片化"的。实际上，学子们的交流媒介还常常通过著述、书信、语录等纸质方式进行，而这些纸质方式所反映的文献与经典内容基本上也是"碎片化"的。那么，所有"碎片化"的文献与经典内容，如何还原为文献与经典的整体"构件"？在这方面，很多接收中华文化的国家是无能为力的。但越南在这方面却一如中国那样驾轻就熟，原因是越南和中国一样，存在着一整套框架化的"目录范本"。这就是从宋代以来就开始构建、到清代成型的"四库"知识体系。与此同时，存在着一个独特的以"四库"体系为框架的中华文化"构件"的"分拆"与"组装"方式。人们常喜欢说读书可以"集腋成裘"，但如果没有

---

① 越南学术界也承认传统中华文化在历史上对越南的强大影响。如《越南历史》上说："自雄王时期，越族人就有自己的风化，虽然这种风化还很简易、质朴。外国统治者，特别是锡光、任延（公元1世纪）、士燮（公元2世纪）、陶璜（公元3世纪）、杜慧度（公元4—5世纪）等人先后制订了繁杂的礼教。这也是把封建道德、礼教传入我国的一种手段。"又称："唐朝统治者依靠唐朝时期灿烂的文化，大力把儒教、佛教和道教输入我国，以便进一步奴役我国人民。"分别参见越南社会科学院委员会编著：《越南历史》，北京人民出版社，1977年，第94、130页。

"集腋成裘"的合理"程序"和"范式"，则很难还原整体的知识体系，更可能使"集腋成裘"后的知识在"碎片化"的储存系统中丢失或失真。诚然，人们平常看不到整套的"四库"体系的样貌，但其实它是默然存在于学子们的心胸的。

如上所述，无论是中华儒学文化，还是禅宗思想，都是各种独立又互相联系的一整套思想理论体系。中国漫长的文化发展历程，既是中华知识系统形成和完善的过程，也是中华文化标准的传播方式包括对接方式的产生和成型过程。

其一，中华知识系统形成和完善的过程，表现为中华文化知识体系的分类。在先秦时期，经典如凤毛麟角，十分珍稀。孔子对"读书人"的要求是非常现实的，也是十分"经典"的。他把读书人应该掌握的知识概括为六个方面，即礼、乐、御、射、书、数六艺，每一"艺"都有具体的内容与标准——"礼"为道德合礼仪规范，"乐"为举行各种仪式时的音乐舞蹈，"射"为射箭，"御"为驾车，"书"为书写，"数"为计算。其中礼、乐是核心，书、数是基础，射、御是技艺，其成绩可作为奖励的依据。"六艺"教育也是西周的学校教育，教师往往由官员兼任，如宫廷乐师教授乐舞，师氏（军官）则教以射、御，"师"之称呼即因此而来。不难看出，在孔子的时代，技艺教育的目的之一，是训练作为"知识分子"的士人的知识结构。在秦汉以后，技艺教育不再作为士人的"知识结构"的组成部分，但随着知识的量的增长，关于"知识系统"和"知识结构"的构建一直没有被放弃。在中国封建社会的漫长历史中，这一变化是渐进地完成的。这里没有必要仔细梳理这一变化的详细过程，但可以肯定地说，到了清代，中国已经形成了"人文社会科学"知识的完整分类体系——"四库"体系。这个体系，也可以看作是对中国士人"知识结构"的基本要求。清乾隆三十七年（1772年）十一月，乾隆皇帝认可了安徽学政朱筠提出的《永乐大典》的辑佚问题，接着诏令将所辑佚书与"各省所采及武英殿所有官刻诸书"汇编在一起，名曰《四库全书》。

《四库全书》的内容是十分丰富的。按照内容，包括四部四十四类六十六属。分经、史、子、集四部，故名四库。经部包括易类、书类、诗类、礼类、春秋类、孝经类、五经总义类、四书类、乐类、小学类等十个大类（其中礼类又分周礼、仪礼、礼记、三礼总义、通礼、杂礼书六属，小学类又分训诂、字书、韵书三属）；史部包括正史类、编年类、纪事本末类、杂史类、别史类、诏令奏议类、传记类、史钞类、载记类、时令类、地理类、职官类、政书类、目录类、史评类等十五个大类（其中诏令奏议类又分诏令、奏议二属，传记类又分圣贤、名人、总录、杂录、别录五属，地理类又分宫殿疏、总志、都会郡县、河渠、边防、山川、古迹、杂记、游记、外记十属，职官类又分官制、官箴二属，政书类又分通制、典礼、邦计、军政、法令、考工六属，目录类又分经籍、金石二属）；子部包括儒家类、兵家类、法家类、农家类、医家类、天文算法类、术数类、艺术类、谱录类、杂家类、类书类、小说家类、释家类、道家类等十四大类（其中天文算法类又分推步、算书二属，术数类又分数学、占侯、相宅相墓、占卜、命书相书、阴阳五行、杂技术七属，艺术类又分书画、琴谱、篆刻、杂技四属，谱录类又分器物、食谱、草木鸟兽虫鱼三属，杂家类又分杂学、杂考、杂说、杂品、杂纂、杂编六属，小说家类又分杂事、异闻、琐语三属）；集部包括楚辞、别集、总集、诗文评、词曲等五个大类（其中词曲类又分词集、词选、词话、词谱词韵、南北曲五属）。除了章回小说、戏剧著作之外，以上门类基本上包括了社会上流布的各种图书。就著者而言，包括妇女、僧人、道家、宦官、军人、帝王、外国人等在内的各类人物的著作。实际上，这一套庞杂的知识构造，也基本上是越南官定的“知识体系”。

中华文化的形成也经历了由嫩稚到成熟，由粗糙到精致的发展过程，且中华文化在其形成的历史长河中，逐渐产生了一整套适合自身历史发展的独特内容、具有自身特点和风格的内部构造。毋庸置疑，中华传统文化浩如烟海，博大精深。一个传统中华文化的信仰者，就是穷其毕生精力，也无法通解甚至通读其十一。这种情况，越是到了晚近越是如此。比如说，在孔子的时代，乃至在漫长的以竹简作为文化载体的时代，传统的经典尚屈指可数，一个学人完全可以烂熟于胸，倒背如流。但到了汉代以后，随着纸张和印刷术的发明和推广，因载体容量限制而造成的文化典籍稀少的局面不复存在。传统经典（以儒家为主）再加上后人的阐发，数量越来越多。所有传统经典和后人阐发的精华，也一并变成了新的经典。随着时间的推移，经典的数量愈发呈几何级数增长态势。这种状况，用今天的术语来表达，就是“信息爆炸”。不同的是，古代的“信息爆炸”，会涉及当时存量有限的所有“人文社会科学”领域。而在今天，人们已经有效地掌握了处理“信息爆炸”的科学技术手段（例如电脑的发明以及信息处理技术）。古代人对待"信息爆炸"现象是无能为力的，唯一的办法，就是鼓励接触信息的"读书人"博闻强记，因此，强健的记忆力是学人的立身之本。在博闻强记的同时，也产生对知识更新与结构调整方面的需求，使中国文化逐渐形成一套公共认同和遵守的"知识体系"，同时出现升级版。在这个系统内部，又存在不同级次的细分体系，每一个"知识构件"都有相应的体系归属。

其二，中华文化标准对接方式的产生和成型过程，其基础是上述中华文化分类体系的成型。笔者认为，越南接收中华文化的方式具有明显的独特性。

众所周知，即使在强调博闻强记的古代，若要士人对四库所开列的所有知识烂熟于胸，也难于上青天。但可以肯定，中国古代士人是严格按照四库的类目学习既有的知识，并在自己的脑库里按照四库的编目"上架"的。到了清代，四库这一知识体系已经定型，成为所有中国士人唯一熟习的"目录学"范本。

显而易见，在传统中华文化传播到越南的漫长历史过程中，越南士人也是严格按照中国对"人文社会科学"的知识分类来建构自己的"知识体系"的。关于这个问题，可以从许许多多越南士人的著述中得到证明。这里只想说明，旅居越南的华侨知识分子为在越南弘扬儒家文化做出过杰出贡献。他们中，主要是居住越南并被允许应试入仕的明乡人。众所周知，10 世纪越南独立后，仿中国实行科举制，以诗赋经文开科取士，以后遂成为越南封建政府取士的主要途径。到中国的清代，明乡人被准参加科举考试，相当一部分华侨优秀分子便通过科举或其他途径进入越南高级统治阶层。他们在诗词和历史著作方面的创作成就尤为突出。

越南所以能够在历史上形成一个与中华文明几乎毫无二致且牢不可破的"知识体系"，究其深层原因，则是越南具有跟中国一样的科举制度。科举考试的内容，就是儒家"知识系统"里的内容。越南独立后，科举制度实行了 800 多年，对越南历史发展所产生的深远影响是无可置疑的。后黎朝（1428—1787 年）是越南封建社会从繁荣走向衰落的时期。黎朝仿照中国制度，开设了进士科、东阁科、明经科、宏词科、制科、书算科等科目，也设置了具有越南特色的试太学生、试儒佛道三教、士望科、试官员男孙等科目，以选拔文官队伍。在开文举的同时还开设了武举，以选拔武备人才。在考试分级、考试时间、试场构建、场官设置、场规制定、考试内容、取士铨除、中第恩荣、题名碑刻立、科举文献编纂等方面，黎朝既仿照中国制度，又根据越南国情和民族心理而有所改变，不同时期表现出不同的特色。科举制度成为黎朝选拔人才和世人向上流动的主要渠道。黎朝仿照中国体制建立了一套从社学、私塾、县学、府学至国子监的较为完备的教育制度，教学内容和教学目的以科举考试为依归，科举教育和科举取士培养和选拔了一大批儒学、文学人才进入官僚系统和教育领域，对黎朝社会、历史、文化的发展产生了深远的影响，对中国文化诸如儒家思想、汉文学、史学、古代教育制度、职官制度等在越南的传播和发展起了极大的推动作用。到了郑阮南北政权时期，对儒学和科举的不同政策，导致汉文化在越南南北地区不同程度的传播和发展。从越南历朝进士人数的地域分布情况，可以清晰地看到汉文化在越南由北而南、由政治中心向边远地区的传播走向。[①]正是科举制度的存在，固化了越南的"知识体系"。很多南来的华侨也参与了越南的科举考试。

　　今天，人们对古代中华文化在越南的传播的研究成果已经汗牛充栋，但是，这些研究似乎都还没有注意到中华文化的独特传播模式。概括来说，这种传播是完全遵循中国最高文化权威机构划定的"知识体系"构造进行的。如上所述，中国文化早就形成了一套"知识体系"。这样，当知识在传播的时候，无论是"成（细分）体系"的，还是"分拆的""碎片式"的，都不会改变它与某个细分系统的隶属关系。也就是说，当"分拆的""碎片式"的知识从一个地方传播到另一个地方后，人们会自觉地、下意识地重新"组装"到它应该归属的系统中去。过去世界上大部分地方所传播的中华文化，其实都属于"分拆的""碎片式"的传播，在传播到目的地后，没有被重新"组装"或者"归位"。所以如此，很重要的原因是，作为传播中介的华侨华人，本身并没有多少"知识系统"或"知识构件"的观念，故那些"知识碎片"被传播到目的地后，只能原封不动地插上一个"中华文化"的大标签了事，乃至在目的地出现走样，以讹传讹，尽管"中华文化"的大标签百年不换。

　　反观越南，上述情况基本没有发生。究其缘由，是因为中华文化在越南

---

① 参见陈文：《科举在越南的移植与本土化》，暨南大学博士学位论文，2006年。

的成长比较早，且全面有序，导致中华文化"知识体系"的概念和构造一如中国，源远流长，根深蒂固。因此，传播到越南的中华文化，不管是"成系统"的，还是"碎片式"的，一旦被当地接收，都可以约定俗成地重新"组装"或"归位"，因为越南官方权威文化机构和文化学人中已经明白无误地存在着一个跟中国相同的"知识体系"。与此同时，在两国文化交流中，有一个庞大而稳固的传播机制。组成这个机制的人，不少就是华侨知识分子，他们脑海中文化"知识体系"观念根深蒂固。他们可以轻而易举地将传播过来的中华文化重新"组装"或"归位"。千百年来，无论是越南当地知识分子，还是华侨知识分子，都没有人试图改变这个"知识体系"而另起炉灶。应注意，将中华文化"知识体系"或"知识构件"带到越南的，不可能是当地越南人，即使这些越南人有非常好的中华文化素养，而只能是从中国南来的精通中华文化"知识体系"的"侨儒"和"侨僧"。

越南阮朝《古学院书籍守册》喃文书籍考①

阮苏兰著　梁茂华　覃林清译②

【内容提要】19世纪是越南喃字及喃文文学的顶峰时期，从陈朝陈仁宗的《居尘乐道赋》《得趣林泉成道歌》等到后黎朝阮廌、黎圣宗、阮秉谦等的喃文诗赋，喃文文学在当时也得到了蓬勃发展，在质量和数量上也取得了巨大成就。现实中无法直接研究这些文献，只能通过书目中的记载获知书名及相关信息。尽管如此，仍可以对那些确凿可考的书名，逐一进行详细的研究，以便让世人了解它们是真实的作品。对喃文书籍进行考究，不仅希望能勉力为现存书籍补充些许信息，而且也冀望为已散佚或尚未发现的书籍提供若干找寻的线索。这不仅有助于初步了解20世纪初存留在顺化古学院的喃书文库，而且也有助于找寻除了现存书籍之外的喃文书籍遗产。

【关键词】越南阮朝；古学院书籍守册；喃文书籍考

---

① 基金项目：国家社科基金重大项目"南方少数民族类汉字及其文献保护与传承研究"（项目编号16DA203）阶段性成果。

译者按：论文的原越文题目为"Sách Nôm trong mục quốc âm, kho Quốc thư, Cổ học viện thư tịch thủ sách A.2601/1-10"，是越南河内国家大学下属社会与人文科学大学阮苏兰博士于2004年11月12—13日在河内越南国家图书馆参加"喃字国际会议"的学术论文。2005年，论文发表于越南《新时代》杂志第5期；另见：阮苏兰：《汉喃研究院所藏〈古学院书籍守册〉喃文书籍考》，收录于《喃字研究（首届喃字国际研讨会论文集）》，河内：社会科学出版社，2006年，第322—333页。越文题目直译成汉文是"《〈古学院书籍守册（A.2601/1-10）〉国书书库国音书目中的喃文书籍》"，稍显冗长；原文未分层级，不便于阅读。经原作者同意，译者根据文章主旨内容和上下文意，在不影响原文原创性和学术性的前提下，做出两点调整。第一，将题目意译为"越南阮朝《古学院书籍守册》喃文书籍考"；第二，将文章分成3个部分。在翻译过程中，西南交通大学刘亚琼博士和广西民族大学吴泽宇硕士提出了若干修改的意见和建议。阮苏兰研究员审阅、修订和核对了汉文译稿，并同意在中国公开发表。在此，一并致以谢忱！

② 作者与译者简介：阮苏兰（Nguyễn Tô Lan），越南社会科学院汉喃研究院研究员，汉喃学系博士。梁茂华，史学博士，广西民族大学东南亚语言文化学院讲师。覃林清，广西民族大学东南亚语言文化学院2021级翻译硕士。

一、阮朝藏书及书目概况

19 世纪是越南喃字及喃文文学的顶峰时期，从陈朝陈仁宗的《居尘乐道赋》《得趣林泉成道歌》等到后黎朝阮廌、黎圣宗、阮秉谦等的喃文诗赋，喃文文学在当时也得到了蓬勃发展，在质量和数量上也取得了巨大成就。据乔秋获（Kiều Thu Hoạch）教授统计，如果只谈及喃文文学的分类，不谈及历史浮沉、时间和人为的破坏，那么截至目前，喃文传记作品有 106种。①

阮朝时期（1802—1945 年），书籍收藏中心在顺化不断建立起来，成立于 1821 年的国史馆书院，是最早的书籍收藏中心。之后是陆续成立其他书院。例如：1825 年，藏书楼书院成立；1826 年，内阁书院成立；1852 年，聚奎书院成立；1909 年，新书院成立；1922 年，古学院书院成立；1932年，保大书院成立。②每个书院都有自己的特点，但有时它们可以相互替代或者扮演相同的角色。

除了建立图书收藏中心，阮朝历代皇帝在全国范围内也组织收集书籍，颁布收集、购买和复制书籍的法令，并派员到全国各地网罗书籍，特别是派员到北城（译者按：河内）直接寻找书籍。经书印刷馆在全国大规模出现，例如海阳省的海学堂、太平省的瞻拜堂等等。

在此背景之下，必然会带来统计、鉴别全国书籍的问题。据历史文献记载，阮朝对图书收藏中心，特别是在京城顺化的收藏中心进行过多次清点书籍工作。这些清点数据被记录在各部书目当中。目前，虽然还未对这些清点结果进行深入研究，但通过现存的书目可以管窥那时保存的书籍数量和种类。喃文文学的繁盛以及书籍收集、保存、清点所需要具备的条件，给我们一个启发：或许那个时期，正是越南历史上规模最大、最系统地收集、保存和清点使用喃文著述的时期。

---

① 乔秋获（Kiều Thu Hoạch）:《喃文故事的起源与体裁本质》，河内：社会科学出版社，1993 年，第 259—262 页。

② 作者按：在保大书院之前，还有启定博物馆，但目前尚未找到其收藏的资料。关于启定博物馆，详情见参考文献［18］。

　　我们考察了10部由阮朝编撰、现收藏于汉喃研究院图书馆的书目[①]，分别是《史馆书目》，藏书编号：A.112；《史馆守册》，藏书编号：A.1025；《内阁书目》，藏书编号：A.113/1-2；《内阁守册》，藏书编号：A.2644；《古学院书籍守册》，藏书编号：A.2601/1-11；《聚奎书院总目册》，藏书编号：A.111，A.110/1-3；《新书院守册》，藏书编号：A.1024，A.2645/1-3；《藏书楼簿籍》，藏书编号：A.968，以及收藏于胡志明市的《秘书所守册》。[②] 在这11部书目中，只有《藏书楼簿籍》没有抄录喃文书名，其余10部书目都抄录有喃文典籍，尤其是在《古学院书籍守册》中，喃文（国音）书籍被单独抄录为一个书目。[③] 其余诸部书目、守册、目册和簿籍等，则将喃文书目笼统地散列于不同的层级中。至于这一问题，文章暂不展开论述。

二、《古学院书籍守册》中的喃文书籍

　　《古学院书籍守册》是一本被收藏在1922年成立的顺化古学院的书目，该书目现收藏于汉喃研究院图书馆，包括11本抄本，共2472页，开本27*15cm[④]。该版本由黎允升与阮进兼检编，阮伯卓校阅，于阮朝启定九年至十年（1924—1925年）编写[⑤]。根据该书目得知，在清点书籍时，馆藏于古学院图书馆的书籍为2828部。其中，新书262部，经部306部，史部430部，子部667部，集部562部，国书601部。

　　编号为A.2601/9-10的书目，记载了国书书库中书籍的相关情况。其

---

　　① 作者按：《大南国史馆藏书目》现收藏在巴黎，我们还没有机会接触到，但是根据陈义（Trần Nghĩa）和弗朗索瓦·格罗斯（François Gros）在《越南汉喃遗产书目提要》（第一集）第499页的内容介绍："阮朝成泰国史馆书院的书籍目录，共103类书籍"，但也未把国音书籍单独列出。

　　② 作者按：由于对源文本考察的条件有限，我们根据陈廷山的译本进行研究。详情见参考文献［19］。

　　③ 作者按：在《古学院书籍守册》中，喃文书籍还被抄录在其他书目中，我们在文章中暂不阐述该问题。

　　④ 作者按：该书1部，10集。其中，A.2601/11是A.2601/9-10的略抄本，本文暂不进行分析。

　　⑤ 陈义（Trần Nghĩa）、弗朗索瓦·格罗斯（François Gros）：《越南汉喃遗产书目提要》（第1集），河内：社会科学出版社，1993年，第329页。

中，在阮朝启定十年编撰的藏书编号为 A.2601/10 的书目中，将国音书籍单独列为一目。该部分有 6 张，每张 2 页。与其他丛书的书目一样，每张分成若干层级，根据以下 8 个要素对书目进行描述[①]：一、书名，并部数全或欠；二、内容；三、撰者；四、原书数；五、现钉数；六、号数；七、刻或写并来历；八、钉式。由此可见，在《古学院书籍守册》中，不管是喃文书籍还是其他书籍都进行系统、集中的排序、描述，完全具备了书目的基本要素。

共描述 32 个书目单位，包含 36 个书名的喃文古籍，兹统计如下：[②]

序号	书名	版本		作者		卷数		附抄	现状	
		刻本	写本	有	佚名	原有	现钉		存在	散佚
1	《越史国语歌》		√		√	4	1			√
2	《郡公阮德川履历》		√	√		1	1			√
3	《孝经演义》		√	√		1	1		√	
4	《南越史记传》		√		√	1	1			
5	《诸乐章会编》		√	√		1	1			
6	《天南明鉴》		√			1	1		√	
7	《黎朝教化条例》		√	√		1	1	附抄有《尚书何尊勋训子歌》		
8	《武经七书演歌》		√	√		7	7	附抄有《太原刘寅解经总论》	√	√
9	《清化观风》	√		√		1	1		√	
10	《越韵诗集》		√	√		1	1			√
11	《二帝真经演歌》	√			√	1	1	附抄有《灶君演歌》	√	

---

① 作者按：8 个要素的描述语，为《古学院书籍守册》中的原汉文。
② 作者按：在论文原稿中，由于这些书目已经从汉文翻译成越南语，所以作者按拉丁字母的顺序排列各书目单位；但在论文汉译版中，作者按《古学院书籍守册》原貌恢复各书目单位原有的顺序。

（续表）

序号	书名	版本		作者		卷数		附抄	现状	
		刻本	写本	有	佚名	原有	现钉		存在	散佚
12	《晋唐宋诗歌演音》		√		√	1	1		√	
13	《礼诗书易日刻水潮演歌》	√		√		1	1	附抄有《日刻长短及逐日水潮歌》	√	
14	《中庸演歌》	√		√		1	1		√	
15	《大越史记捷录演义》	√			√	1	1		√	
16	《西洋志略》		√		√	3	1		√	
17	《大南国史演歌》	√			√	1	1		√	
18	《范公新传》	√			√	2	1		√	
19	《金云翘广集传》	√		√		1	1		√	
20	《征妇吟备录》	√		√		1	1		√	
21	《潘陈传重阅》	√		√		1	1		√	
22	《宫怨吟》	√		√		1	1		√	
23	《翠翘诗集》	√			√	1	1		√	
24	《云仙古迹新传》	√			√	1	1		√	
25	《芳花新传》	√			√	1	1		√	
26	《石生新传》	√			√	1	1		√	
27	《少女怀春情诗》	√		√		1	1		√	
28	《刘平演歌》	√			√	1	1		√	
29	《月花问答》	√			√	1	1		√	
30	《男女对歌》	√			√	2	1		√	
31	《宋珍新传》	√			√	1	1		√	
32	《顺广实录》		√		√	1	1			√

（续表）

序号	书名	版本		作者		卷数		附抄	现状	
		刻本	写本	有	佚名	原有	现钉		存在	散佚
33	《日刻长短及逐日水潮演歌》	√			√			附抄于《礼诗书易日刻水潮演歌》	√	
34	《灶君演歌》	√		√				附抄于《二帝真经演歌》		√
35	《太原刘寅解经总论》		√		√			附抄于《武经七书演歌》	√	
36	《尚书何尊勋训子歌》		√	√				附抄于《黎朝教化条例》		√
	总共：32个书目单位加4个附抄本=36个书名	22	14	17		19	45	38 4本附抄本	27	9

通过古学院国书文库中的国音目录，我们发现了36个喃文书名。在这36本书籍中，22本为刻本，14本为抄本。这进一步说明喃文书籍在阮朝受到重视并广泛制作副本以满足社会的需求。在作者信息方面，只有14个书目单位有署名作者，剩下的18个书目单位则佚名；其中，有4个作者是后黎朝人士，其余的作者是阮朝人士。在数量方面，原有书籍45卷，在清点时的数量仅为38卷，意即有7卷已遗散或损毁。

为什么我们研究的依据是书名，而非作品名呢？[①] 这是因为在现实中无法直接研究这些文献，只能通过书目中的记载获知书名及相关信息。因此，我们只能通过上述表格所列的诸要素，对本文参考文献序号分别是［1］、［2］、［3］、［4］、［5］、［8］、［9］、［10］、［12］、［13］、［14］、［16］、［17］、［20］、［21］、［22］所涉及的古籍进行对比分析，以便在现状栏对典籍是否仍存在进行确定。尽管如此，我们将对那些确凿可考的书名，逐一进行详细的研究，以便让世人了解它们是真实的作品。以下是详细说明：

我们将典籍分为两大类：

1. 现存书籍：现收藏完整或只收藏一部分。该类又分成两种情况：

---

① 关于这个问题，详情见参考文献［7］。

1.1 抄录在《古学院书籍守册》中，诸如书名、作者、内容、结构等书籍信息与现存书籍相吻合。我们对这些典籍不做进一步的考究，因为这些书籍现馆藏于越南各地。此外，大部分书籍已被专家学者进行了版本学、音译、注释等方面的研究。因此，对喃文书籍感兴趣的人，可轻而易举地找到和阅读这些书籍。

《征妇吟备录》《宫怨吟》《大南国史演歌》《金云翘广集传》《刘平演歌》《男女对歌》《月花问答》《日刻长短及逐日水潮演歌》《范公新传》《潘陈传重阅》《芳花新传》《西洋志略》《石生新传》《太原刘寅解经总论》《清化观风》《天南明鉴》《少女怀春情诗》《翠翘诗集》《宋珍新传》《云仙古迹新传》等这20个书名便属于上述情况。

1.2 抄录在《古学院书籍守册》中的喃文书名[①]信息与现存喃文书籍不完全吻合，或存在讹误之处，或在关于作者、文本、制作方式等方面，还需进一步考究和补充相关的信息。我们对这些存在问题的喃文书籍进行勉力考究，提出若干供学界参考的意见和建议。

(1)《大越史记捷录演义》

此书从汉字本演义而来，为刻本，原有1卷，启定十年（1926年）装订成1卷，原馆藏于新书院。

*此书内容大致与汉喃研究院藏书编号为A.1180的《大越史记捷录总序》相似。《大越史记捷录总序》为一本26*16cm的64页刻本，含有喃字，书籍的内容为越南鸿庞时期至后黎朝的历史总论，包含有汉字原文以及每个句子、段落后的喃文注释部分。

(2)《孝经演义》

此书作者为阮朝的绵儁（译者按：阮福绵儁），是从《孝经》本演义，并使用六八体编写。《孝经演义》为抄本，但内容不完整，原有1卷，启定十年（1926年）装订成1卷，原馆藏于新书院。

*此书或与汉喃研究院藏书编号为AB.266的《孝经国音演义歌》内容相似。《孝经国音演义歌》为1本26页的刻本，由苇野和杨维德点评，范有仪

---

① 作者按：这些书籍名共两部分。第一部分：忠于源书目的记载内容，对书籍进行介绍；第二部分：*号后面的文段，是考辩的内容。

书写前言，是根据孔子和曾子的《孝经》演音而来的喃文版六八体作品，收录于《孝经立本》中。《孝经演义》很有可能就是汉喃研究院藏书编号为 VNv.60 的《孝经国音演歌》。《孝经国音演歌》为一本 26 页的刻本，刻印于雅堂，附有范有仪的前言，内容与《孝经国音演义歌》别无二致。

（3）《礼诗书易日刻水潮演歌》

此书作者为阮朝范廷倅，分别摘取《礼记》之《月令》，《诗经》之《七月》和《小戎》，《尚书》之《禹贡》，《易经》64 卦卦序，演出六八诗体，并附有《日刻长短及逐日水潮歌》。《礼诗书易日刻水潮演歌》是一本内容完整的刻本，原有 1 卷，启定十年（1926 年）装订成 1 卷，原馆藏于新书院。

*关于此书，汉喃研究院藏书编号为 A.111 的《聚奎书院总目册》第 87a 页，只记载为《诗书易日刻水潮演歌》，存书 1 版，乃礼部转交。

《礼诗书易日刻水潮演歌》中《月令》《七月》《小戎》《禹贡》《易经》64 卦的喃字演音部分，也属于汉喃研究院藏书编号为 VNv.144《经传演歌》刻印内容的一部分。《经传演歌》是一本含序和目录，开本为 26*16cm 的 150 页刻本，刻印于成泰二年（1891 年）。此外，《礼诗书易日刻水潮演歌》《经传演歌》，可能是汉喃研究院藏书编号为 AB.595《国音词调》和藏书编号为 AB.540《中庸演歌》（《中庸演歌易卦演歌》）抄录的源文本之一。由此可以肯定，范廷倅实乃《经传演歌》的作者。

通过对汉喃研究院藏书编号 AB.540《中庸演歌》和藏书编号 AB.595《国音词调》的研究，我们只发现了《日刻长短歌》的作品名称。因此，我们认为《日刻水潮演歌》或者《日刻长短及逐日水潮歌》实质上是现存《日刻长短歌》和已遗散《逐日水潮歌》的合抄本，所以《古学院书籍守册》记载的书名总数应为 37 本。

（4）《二帝真经演歌》

《二帝真经演歌》是从《救劫真经》演音而来的六八体诗，抄附于《灶君演歌》中。该书为刻本，原有 1 卷，启定十年（1926 年）装订成 1 卷，原馆藏于新书院。

*在《聚奎书院总目册》第 87a 页抄录有《二帝救劫经觉世敬奉灶神歌》，此书是一本抄本，乃礼部转交。

　　或许此书与汉喃研究院藏书编号为AB.93、AB.363的《文武二帝救劫真经绎歌》相同，都由范廷俾演喃，并在嗣德庚辰年（1880年）刻印于河内玉山寺。《文武二帝救劫真经绎歌》有2个刻本，含有汉字原文《文武二帝救劫真经》及其六八演喃诗体演绎，共84页。或许《文武救劫演歌》《文武二帝救劫真经（演义歌）》都刻印于河内玉山寺。[①]

（5）《晋唐宋诗歌演音》

　　作者为范廷俾。范氏把唐诗演成国音律诗，并取《正气歌》《春江花月夜》《将进酒》《归去来辞》等诗歌。此书乃抄本，原有1卷，启定十年（1926年）装订成1册，原馆藏于新书院。

　　*在《聚奎书院总目册》第87a页抄录有《晋唐宋诗歌》。此书为一个抄本，乃礼部转交。

　　现已把全部诗歌抄录在汉喃研究院藏书编号为AB.595《国音词调》中，只有《归去来辞》刻印在汉喃研究院藏书编号为AB.336的《归去来辞演歌》一书当中。《归去来辞演歌》为刻本，其中有阮丕焰于嗣德壬申年（1872年）的题跋。从上述《国音词调》，我们可以重构《晋唐宋诗歌演音》原版的风貌。

（6）《中庸演歌》

　　《中庸节要》被范廷俾演绎成六八体的《中庸演歌》。《中庸演歌》为刻本，原有1卷，启定十年（1926年）装订成1卷，原馆藏于新书院。

　　*在《聚奎书院总目册》的第87a页抄录有该书籍名，《中庸节要》为抄本，乃礼部转交。

　　目前，人们还可以从汉喃研究院藏书编号为VNv.144的刻本《经传演歌》，藏书编号为AB.540的抄本《中庸演歌易卦演歌》和藏书编号为AB.336的《国音词调》中看到《中庸演歌》的原文。

　　此外，我们还发现汉喃研究院藏书编号为AB.595的《国音词调》是上述所提《礼诗书易日刻水潮演歌》《二帝真经演歌》和《中庸演歌》三本作品与《临洮赴宴酒歌》《琼瑠节妇传记》和《琼堆村节妇传记》等范廷俾诸

---

　　① 详见王氏红：《河内玉山寺刻印的汉喃书籍目录》，载《汉喃杂志》，2000年第1期，第96页。

多作品的合抄本。成泰三年（1892 年），高春育根据范廷倅的著作，抄录了此版本的《中庸节要》。

（7）《武经七书演歌》

此书的作者是恭伯净。他用六八诗体对孙武子经书进行演歌，并附有《太原刘寅解经》。《武经七书演歌》为抄本，原有 7 卷，启定十年（1926年）装订成 7 卷，原馆藏于新书院。

*汉喃研究院藏书编号为 A.1025 的《史馆守册》中，第 12a 页抄录有《武经直解》的书名，共 25 卷，943 页。或许这部书与汉喃研究院藏书编号为 AB.310 的《武经直解演义歌》相同。

2. 现已遗散或者未找到的书籍：一、从未提及过的书籍；二、在其他书籍中被提及过，但现已遗散或未找到。在此将会详细介绍这一类书籍。

（1）《诸乐章会编》

《诸乐章会编》由后黎朝驸马名为莪者所撰，记录宴贺庆赏祝颂之辞。此书为抄本，原有 1 卷，启定十年（1926 年）装订成 1 卷，原馆藏于新书院。

*汉喃研究院藏书编号为 A.113/1 的《内阁书目·国书》的第 2a 页抄录有此书。《聚奎书院总目册》第 37b 页和第 66b 页也抄录有此书，但是作者佚名，记载了该书为抄本，嗣德三十六年被谕令征集。

（2）《黎朝教化条例》

《黎朝教化条例》是后黎朝汝廷琴记录后黎朝景兴 47 条善政教化条例的书籍，使用六八诗体，将汉文教化条例演为喃文，附有《尚书何尊勖训子歌》一书。此书为抄本，原有 1 卷，启定十年（1926 年）装订成 1 卷，原馆藏于新书院。

*在《内阁书目》第 5b 页抄录有《教化条例》书名，共 2 卷。

此书可能是根据汉喃研究院藏书编号为 A.1507 的《黎朝教化条律》演喃而来。《黎朝教化条律》为手写版，共 28 页，内容为后黎朝郑王颁布的 47 条教化律例，旨在告诫民众要忠孝节义，坚守伦理道德和民族传统美德。

关于作者的名字，我们只知道后黎朝的汝廷瓒颇有名望，但对"汝廷琴"则未有所闻，不知是否是《古学院书籍守册》抄写作者名字时出现了讹误？

(3)《南越史记传》

记录鸿庞至士燮时期的史迹，以及从泾阳王到黎明宗期间，历朝国号及历代皇帝的咏史诗文。此书为抄本，原有1卷，启定十年（1926年）装订成1卷，原馆藏于新书院。

(4)《郡公阮德川履历》

阮德川为阮朝人，此书记载阮德川的履历、公务、戎务等方面所有事迹行状。此书为抄本，原有1卷，启定十年（1926年）装订成1卷，古学院购买、重抄并馆藏于顺化古学院书院。

(5)《灶君演歌》

附抄于《二帝真经演歌》中。详见上文，不再赘述。

(6)《顺广实录》

记录广南、顺化的事迹。此书是一本完整的抄本，原有1卷，启定十年（1926年）装订成1卷，古学院购买、重抄并馆藏于顺化古学院书院。

(7)《尚书何尊勋训子歌》

附抄于《黎朝教化条例》中。详见上文，不再赘述。

(8)《逐日水潮歌》

上文《礼诗书易日刻水潮演歌》有论及，不再赘述。

(9)《越史国语歌》

此书以六八诗体的形式，记录了鸿庞至黎纯宗时期的史迹。《越史国语歌》原有4卷，启定十年（1926年）装订成1卷，原馆藏于新书院。

＊《内阁书目》第16a页抄录有《越史国语》书名，并注明该书共4卷。《聚奎书院总目册》第39b页也抄录有《越史国语》书名，并注明该书是1部5卷的抄本，嗣德三十六年被谕令征集，受蟑螂啃噬。汉喃研究院藏书编号为A.1024的《新书院守册》中，第228b页抄录有《越史国音歌》书名，

为 1 部 4 卷的抄本。

（10）《越韵诗集》

此书为潘伯先辑录陈朝和前黎初国音之名作的诗文集。此书为刻本，原有 1 卷，启定十年（1926 年）装订成 1 卷，古学院购买和重抄，并馆藏于古学院书院。

三、余论

由上可知，1925 年，包括上述 37 个书名在内的部分喃文书籍被馆藏于顺化古学院书院，其中包括 32 个书名和 5 部附抄作品；当时清点的数量为 38 卷，这说明已丢失或毁坏了 7 卷。在 37 个书名中，23 个为刻本，14 个为抄本。关于这个数量，如果单独与《古学院书籍守册》里国书文库中 601 部书籍[①]相比，那么我们发现，被单独收藏和记载的喃文书籍数量不是很多；但是与其他书目零星记载的喃文书籍相比，这些喃文书籍的数量确实比较可观。此外，《古学院书籍守册》从 8 个要素对这些书籍进行了详细的描述，可以让人掌握它们的相关情况。这为人们将它们与现存书籍进行对照与比较，创造了有利条件。

根据对作品来源的描述，这些书籍大部分原馆藏于新书院，少部分则由古学院购买和重抄。这表明古学院书院继承了新书院的系列书籍，并在此基础上继续收集、补充和制作新的书籍。但是，在 37 个书名中，新书院只记载了《越史国音歌》。这也是一个值得继续研究的问题。尽管如此，被记载在《古学院书籍守册》的书籍信息，也被编撰更早的其他书目所记录。这有助于考究阮朝图书馆系统中这些书籍的流布情况。通过古学院国书文库国音书目可以发现：阮朝在收集、保存和清点喃文书籍方面做出了很多努力。此外，这也体现了阮朝对喃文书籍的视野具有诸多进步之处。

通过以上这些信息，我们可以补充、修改和订正现有的喃文书籍。例如，根据《大越史记捷录演义》和《武经七书演歌》等书籍，我们可以为现存相关书籍补充其书名。再如，通过范廷倅的 3 部作品，我们可以确定这些

---

① 作者按：在 601 部典籍中，其中 5134 卷是原有古籍，1818 卷是当时现钉的新书籍。

作品很可能是《国音词调》的源文本，考证范氏是《经传演歌》的作者。此外，这3部作品，还指明了现存喃文版《中庸》，实乃范氏从《中庸节要》演音而来。以上发现是研究范廷倅传世作品和创作方式的基础。

除此之外，现存的书籍有助于恢复书目中书本的原始内容。例如：《国音词调》可以恢复《晋唐宋诗歌演音》；《孝经国音演义》可以体现《孝经演义》的内容等等。另一方面，《古学院书籍守册》也为我们提供了一些现已遗散或尚未发现的书籍的书名信息，其中就包括上述10个书名。除了书名之外，还可以提供书籍制作形式是否是刊刻或抄写、卷数和提要等诸多信息。这对读者而言是有益的引导；如果在民间某些地方能找寻到这些书籍，能够参考或者使用这些信息来恢复它们，则实为幸事。

我们对《古学院书籍守册》中的喃文书籍进行考究，不仅希望能勉力为现存书籍补充些许信息，而且也冀望为已散佚或尚未发现的书籍提供若干找寻的线索。这不仅有助于初步了解20世纪初存留在顺化古学院的喃书文库，而且也有助于找寻除了现存书籍之外的喃文书籍遗产。

参考文献：

［1］杜邦：《阮朝书目》（第二集），国家级社科项目，顺化，1997年。

［2］张文平：《荷兰莱顿大学图书馆的汉喃书籍》，载《汉喃杂志：精选100篇》，河内：汉喃研究院，2000年，第57—69页。

［3］潘文阁：《美国哈佛大学燕京图书馆的越南学汉文书目》，载《汉喃杂志》，1995年第5期，第83—93页。

［4］陈文玶：《越南汉喃文库研究：文学和史学资料来源》（第一集），河内：国家图书馆出版，1970年；陈文玶：《越南汉喃文库研究：文学和史学资料来源》（第二集），河内：社会科学出版社，1990年。

［5］陈文玶主编：《越南作家传略》（第一集），河内：社会科学出版社，1971年；陈文玶主编：《越南作家传略》（第二集），河内：社会科学出版社，1972年。

［6］乔秋获：《喃文故事的起源与体裁本质》，河内：社会科学出版社，1993年。

［7］阮光红：《喃字作品及其命名形式》，载《1997年汉喃学通报》，河

内：社会科学出版社，1998 年，第 207—218 页。

　　［8］王氏红：《河内玉山寺刻印的汉喃书籍目录》，载《汉喃杂志》，2000 年第 1 期，第 89—96 页。

　　［9］郑克孟：《越南汉喃作家的字号》，河内：社会科学出版社，2002 年。

　　［10］杨太明等：《汉喃书目与作家名录》，河内：汉喃委员会油印版，1997 年，汉喃研究院藏书编号 Vt.277。

　　［11］陈义：《汉喃书籍与书目学历史》，收录于《20 世纪汉喃学回顾》，河内：社会科学出版社，2003 年，第 143—162 页。

　　［12］陈义：《大英国图书馆中的汉喃书籍》，载《汉喃杂志》，1995 年第 3 期，第 3—13 页。

　　［13］陈义、弗朗索瓦·格罗斯（François Gros）：《越南汉喃遗产书目提要》，河内：社会科学出版社，1993 年。第一集（A-H）；第二集（I-S）；第三集（T-Y）。

　　［14］陈义、阮氏莹：《日本四大藏书院汉喃书籍的总书目》，载《汉喃杂志》，1999 年第 1 期，第 70—99 页。

　　［15］黄氏午：《关于 20 世纪喃字研究中资料来源的若干思考》，收录于《面向 20 世纪汉喃学》，河内：社会科学出版社，2003 年，第 352—371 页。

　　［16］阮苏兰：《顺化市汉喃书籍初探》，越南河内国家大学下属社会科学与人文大学文学系，2003 年汉喃学本科毕业论文。

　　［17］周雪兰：《关于美国夏威夷大学汉喃资料的信息》，收录于《2002 年汉喃学通报》，河内：社会科学出版社，2003 年，第 268—272 页。

　　［18］L. Sogny：《顺化启定博物馆》，载《印度支那杂志》。按：刘廷遵将该文翻译为越文并录入其所编撰的《越南昔日省城》。详见刘廷遵：《越南昔日省城》，海防：海防出版社，河内：东西语言文化中心，2004 年，第 450—457 页。

　　［19］陈廷山：《从 1926 年 7 月 19 日诸秘书处、尚宝和聚奎书院的书籍、图画及印章盘点清单看的阮朝书籍》，收录于《保护和弘扬顺化文化遗产价值 20 周年》，顺化古都遗迹保护中心，2002 年，130—147 页。

　　［20］阮文盛主编、阮红珍编撰：《顺化私家藏书名册与私家汉喃资料目录》，越南国家级特别委托项目，收录于《保护和弘扬顺化的汉喃文化》，顺

化，2002年。

［21］《汉喃典籍书目》，汉喃研究院藏书编号：Vv.837；Vt.70。

［22］《河内各大图书馆的汉喃书籍书目》，汉喃研究院。

［23］《阮朝研究文论选集》，载承天顺化省科技与环境厅《研究与发展杂志》，顺化古都遗迹保护中心，2002年7月。

唐代安南及其文化①

古小松②

【内容提要】 今越南中北部古代称为安南，公元968年独立建国，此前从秦朝到宋初为中国之郡县，达 1182 年。唐朝在安南设置都护府，该地区经济文化发展达到空前繁荣，这与不少来自中原的循吏、文化人的治理和教化分不开。他们为当地经济社会进步做出了贡献，中国史籍及唐诗唐文里留下了他们很多事迹和名篇，千古传颂。这不仅是当地人祖先的文化精华，也是中国，乃至世界的文化瑰宝，不应被世人所遗忘。

【关键词】 唐代；安南；文化

如今的越南，人们通常只知其曾是古代中国的藩属国，而不了解其曾长时间是古代中国的郡县，达1182年，比其独立建国时间还要长得多。通俗地说，安南与中原以前是一家人，一直到宋初的公元968年，安南才从中国分出来。唐朝前期，今越南中北部地区称为交趾或交州，679年唐高宗把交州都督府改为安南都护府后，该地区就叫作安南。经过一千多年的发展，到唐朝安南已与内地无异，其文化之繁荣更是一些内地偏远地区无法相比。

一、安南在唐朝以前

公元前214年秦朝跨过五岭，在珠江流域南部、红河下游地区设立象郡

---

① 基金项目：海南省重点新型培育智库海南热带海洋学院海上丝绸之路研究院成果。

② 作者简介：古小松，海南热带海洋学院东盟研究院院长、广西社会科学院研究员。主要研究方向为国际关系、东南亚历史文化等。近期撰写出版有：《从交趾到越南》（世界知识出版社 2022 年版）、《越南文化》（科学出版社 2018 年版）、《越汉关系研究》（社会科学文献出版社 2015 年版）、《东南亚文化》（中国社会科学出版社 2015 年版）等。

以前，红河中下游地区就居住着百越族群的一支，即今越南人的祖先——雒越人。

当时的雒越人社会尚处在原始社会的后期，还没有文字，没有建立有国家。先秦，红河下游地区周边的珠江流域、湄公河流域都还处于原始社会时期，最早建立国家的是湄公河下游的扶南，已经是公元1世纪了。

（一）象郡（公元前214—前207年）

公元前221年秦朝统一中原后，于前214年平定岭南，在岭南设立南海、桂林、象三郡。南海郡大体为今广东省为主的地区。桂林郡位于今广西境内西江流域的大部分地区。象郡位于当时中国大陆最南端，其方位和范围包括从今贵州南部、广西西部和南部至今越南中北部地区，整个象郡面积很大。

象郡含盖的红河下游及周边地区还处于原始社会的后期，经济社会发展程度还很低，所居住的居民以雒越、西瓯越人为主，秦朝设郡后，从内地迁徙了相当数量的居民南下"与越杂处"。

象郡建制存在的时间只有短短的7年，从公元前的214年至前207年秦朝灭亡止。但是，这是包括红河下游及周边地区在内的岭南地区从原始社会进入文明社会的分水岭。此前，该地区尚处于原始社会的后期。自从秦朝在红河下游及周边地区设立郡县，该地区逐步向封建社会过渡，开始进入文明社会。

（二）交趾、九真二郡（公元前207—前111年）

公元前207年，刘邦攻进咸阳，秦二世投降，秦朝灭亡，前202年汉朝建立。南海郡赵佗趁中原之乱，击并桂林郡、象郡，于前204年建立南越国，称南越武王。

南越国建都于番禺，即今广州，继承和仿效秦汉，实行郡县制度，共设4个郡，即在维持原来南海郡、桂林郡的基础上，将象郡一分为二，设立交趾和九真郡。"交趾""九真"作为行政区域名称始于此。交趾位于今越南红河三角洲及周边地区，九真位于今越南清化、义安一带。红河三角洲地区及周边地区在早期社会（进入中国版图前），中国称之为"交趾"，"古者尧治天下，南抚交趾，北降幽都，东西之日所出入，莫不宾服"。[①]据说，远古越人有两个脚趾相交，因而被中原人称为"交趾"。

南越国开发的重点是南海郡，对交趾、九真是羁縻治理，"越王令二使者，典主交趾、九真二郡民"。从公元前204年至前111年，南越国"自尉佗王凡五世，九十三岁而亡"。南越国在经济社会方面实行"和辑百越"的政策，推广中原先进农业耕作技术，促进了当地生产力和社会的发展进步。

（三）交趾、九真、日南三郡（公元前111—公元203年）

公元前202年刘邦统一中国，建立了汉朝。西汉初，刘邦忙于巩固中原，无暇顾及岭南，暂时维持与南越国的藩属关系。公元前111年南越国发生内乱，汉武帝刘彻趁机分兵五路南下攻打南越国。西汉灭南越后，遂以其地设置九郡，其中交趾、九真、日南三郡在今越南中北部。日南为新郡，为今越南顺化一带，成为当时中国大陆的最南端。

从西汉中后期开始，红河下游及周边地区的交趾、九真、日南三郡（即今越南中北部地区）由朝廷直接派出官吏治理，经济社会获得较大发展。公元8年西汉灭亡，公元8年至25年为短暂的王莽新朝，之后东汉于公元25年建立。东汉期间，交趾、九真、日南三郡的行政区划不变，经济社会进一步发展。东汉后期，中原大乱，交趾、九真、日南三郡偏安南疆，经济文化繁荣，大量中原人士南下，为当地的发展做出了贡献。

公元220年曹丕篡汉，此后刘备建立蜀汉延续汉室，孙权称霸江南，中国进入三国鼎立时期。交趾、九真、日南三郡归属东吴。

从西汉末年到东汉灭亡的两百多年，由于岭南发展的重点从东部转向中西部，这一段时期成为交趾、九真、日南三郡发展的黄金岁月。

（四）交州（203—679年）

东汉建安八年（203年），朝廷任命张津为交趾刺史部刺史后并将交趾刺史部改称交州，治所一度移至番禺（今广东广州），后迁至龙编（今越南

---

①《墨子·节用》，转引自中国社会科学院历史研究所《古代中越关系史资料选编》，中国社会科学出版社，1982年，第2页。

河内）。开始交州管辖的区域很大，包括岭南7郡：苍梧、南海、郁林、合浦、交趾、九真、日南，相当今两广大部和越南的中北部。

公元226年，交趾太守士燮去世后，东吴表面以交州悬远，而分合浦以北为广州，交趾以南为交州，但很快恢复为原来的交州。264年，东吴为便于治理，再把南海、苍梧、郁林、高凉（吴新置）四郡（今两广大部）从交州划出，另设广州，州治番禺，即今广州，广州由此得名。交广分治后，交州剩下合浦、朱崖（吴置）、交趾、九真、日南五郡，州治设在龙编，即今河内。从此交广未再合并。交州与广州同在一个屋檐下长达468年，即从公元前204年南越国建立到公元264年的交广分治。交州的地域范围前后有过很大的变化，先是大范围的包括整个岭南，交广分后，曾一段时间包括合浦、朱崖，后来专指今越南中北部。此前，该地区与两广一起，同属岭南，相互交往很密切，他们认为是天经地义的。但是，自从与两广分开，它就成为一个独立的地理单元了，交州在红河流域，而广州则在珠江流域，古代交通不便，两地往来大为减少。而且交州作为华夏的最南面，远离中央朝廷，慢慢就滋生了要成为一个独立国家的意识。

公元581年，北周静帝禅让帝位于杨坚，杨坚定国号为"隋"，隋文帝杨坚589年南下攻灭陈朝，结束了自西晋末年以来中国长达近300年的分裂局面，重新归于统一。此时，盘踞在交州的李佛子，虽然名义上臣服中央，但实际上是割据交州。公元602年，隋文帝任命刘方为交州道行军总管，603年初率军南征交州。叛乱被平定，交州结束了自541年以来到603年共63年的失控状态。

交州作为一个行政区划的名称从东汉末的203年，一直使用到唐朝前期的679年，中间历经三国、两晋、南北朝和隋朝，共476年。

自秦至隋，今越南北部和中部在中国封建王朝的直接统治下的郡县已有833年。从汉灭南越至隋末也有730年。在这漫长的年代里，交趾地区的政治、经济、文化都有了巨大的发展。

二、唐代安南的经略与发展

公元617年，唐国公李渊起兵于晋阳，次年称帝，建立唐朝于长安。两汉之后，经过一段时间的纷争和短暂的隋朝，中国又进入了另一个盛世——

唐朝（618—907 年）。唐朝中国是当时世界上最强盛的国家之一，经济、社会、文化艺术空前繁荣。隋亡后的公元 622 年，交趾太守邱和、九真太守黎玉、日南太守李皎或投降，或为唐朝所败，唐朝因而建立起对整个交州地区的直接统治。

（一）安南行政区域与官员任命

唐朝疆域在极盛时期北至贝加尔湖、叶尼塞河下游一带，南抵今越南中部地区，东起朝鲜半岛，西达中亚咸海以及呼罗珊地区。唐代行政区创立道和府的建制，按城市等级，设总管府、都督府、节度使等，府以下设州、县。唐初岭南 45 州分属广州、桂州、容州、邕州、安南五个都督府（又称岭南五管），五府皆隶于广州，长官称为五府（管）经略使，由广州刺史兼任。"岭南五府经略使，绥静夷獠，统经略、静海二军，桂管、容管、安南、邕管四经略使"。"安南经略使，治安南都护府，即交州，官兵四千二百人"①。公元 622 年，唐朝设立交州总管府，任命丘和为大总管，624 年改交州总管府为交州都督府。

627 年（贞观元年），唐朝分全国为关内、河南、河东、河北、山南、陇右、淮南、江南、剑南、岭南等十道，交州地区（即后来的安南）属于岭南道。由于中央派往交州的官吏大多是贪腐之辈，致使州政不举，地方叛乱不断。为了加强对交州的统治，唐高宗于公元 679 年把交州都督府改为安南都护府。从此，该地区就叫作安南。安南都护府辖交趾地区 12 个州：交州、峰州、长州、爱州、驩州、演州、福禄州、陆州、汤州、芝州、武峨州、武安州。

表 1　安南 12 州及所辖 59 县

州	县	备注
交州	8 县：宋平、南定、太平、交趾、朱鸢、龙编、平道、武平	大致相当于今越南北部平原东部的河内、北宁、南定一带
峰州	5 县：嘉宁、承化、新昌、高山、珠绿	大致在交州以西的红河上游地区，即后来越南的山西、永安等省

---

① 刘昫等：《旧唐书》卷 38，中华书局，1975 年，第 1389 页。

（续表）

州	县	备注
长州	4县：文阳、铜蔡、长山、其阳	大致在今南定、清化之间，相当于今越南宁平地区
爱州	6县：九真、安顺、崇平、军宁、日南、长林	大致相当于今越南清化地区
骧州	4县：九德、浦阳、越裳、怀骧	大致在今越南中部北区的河静省
演州	7县：忠义、怀欢、龙池、思农、武郎、武容、武金	大致为今越南义安地区
福禄州	3县：柔运、唐林、福禄	在今越南义安省东南至河静省一带
陆州	3县：乌雷、华清、宁海	大致在今越南谅山至广宁一带，从山地一直到海边
汤州	3县：汤泉、绿水、罗韶	大致在今越南宣光地区
芝州	7县：忻城、富川、平西、乐光、乐艳、多云、思龙	大致在后来越南的兴化地区
武峨州	7县：武峨、如马、武义、武夷、武缘、武劳、梁山	大致在今越南太原地区
武安州	2县：武安、临江	大致在后来越南的广安地区

资料来源：刘昫等：《旧唐书》卷41，中华书局，1975年，第1749—1758页。并参考吕士朋：《北属时期的越南》，香港中文大学新亚研究所东南亚研究室，1964年6月，第123—124页。

　　安南都护府除直接管辖上述12州外，还间接管辖有比较松弛的41个"羁縻州"。由于这些羁縻州都位于山区，交通不便，居住的都是一些少数民族，所以由其酋长直接统治。公元711年，唐朝增设峰州都护府，兼管红河上游各羁縻州；增设骧州都护府，兼管与老挝交界的各羁縻州。

　　安南远离京城长安，交通不便，远隔千山万水，一般官员都不愿意到安南任职，很多官员任职时间只有一两年。根据史籍记载的统计，从756至905年的149年间，朝廷任命的安南主官就有44位之多，平均任职时间只有3年多。长安到安南，路途遥远，路上耗费时间以月计算。这也反映了唐代安南有不少年份社会很不安宁稳定。

表2 唐朝安南主官

任职时间	姓名	职衔	备注
622	丘和	交趾太守、交州总管	
628	安公寿	交州都督	
679	刘延祐	安南都护兼经略招讨使	被李嗣仙叛党杀害
684	曲览	安南都护	被司录甘猛所杀
756	张顺	安南都护	
767	张伯仪	安南都护	张顺之子
777	乌崇福	安南都护、本管经略使	
788	张庭	安南都护、本管经略使	
789	庞复	安南都护、本管经略使	
790	高正平	安南都护	
791	赵昌	安南都护、本管经略使	
802	裴泰	安南都护、本管经略使	
804	赵昌	安南都护、御史大夫、本管经略使	
806	张舟	安南都护、本管经略使	
810	马总	安南都护、本管经略使	
813	张勔	安南都护、本管经略招讨使	
813	裴行立	安南都护、本管经略招讨使	
818	李象古	安南都护	被杨清起兵杀害
819	桂仲武	安南都护	
820	裴行立	安南都护	
822	王承弁	安南都护、本管经略招讨使	
822	李元喜	安南都护	

（续表）

任职时间	姓名	职衔	备注
827	韩约	安南都护	
831	郑绰	安南都护	
833	刘旻	安南都护	
834	韩威	安南都护	
835	田早	安南都护	
836	马植	安南都护	
843	武浑	安南都护	
846	裴元裕	安南都护	
849	田在宥	安南都护	
851	崔耿	安南都护	
853	李涿	安南都护经略使	
856	李弘甫	安南都护	
857	宋涯	安南都护、邕管宣慰使、安南经略使、融贯经略招讨处置	
858	王式	安南都护	
859	李鄠	安南都护	
861	王宽	安南经略招讨使	
862	蔡袭	安南都护	被南诏侵略军矢中溺水而亡
863	宋戎	安南都护	
864	高骈	安南都护、本管经略招讨使、静海军节度使	
868	高浔	安南节度使	高骈之孙
878	曾衮	安南节度使	
882	高茂卿	安南节度使	

（续表）

任职时间	姓名	职衔	备注
884	谢肇	安南节度使	
897	安友权	安南节度使	
901	孙德昭	安南节度使	
905	曲承裕	静海军节度使	

资料来源：刘昫等：《旧唐书》卷38，中华书局，1975年。并参见吕士朋：《北属时期的越南》，香港中文大学新亚研究所东南亚研究室，1964年；郭振铎、张笑梅主编：《越南通史》，北京：中国人民大学出版社，2001年。

（二）经济发展

唐代中国的经济和文化均得到了较高程度的发展。安南作为中国的州县，当然也不例外。尤其是安南地处南部沿海，有着优越的地理环境和自然条件，作为一个重要的口岸，在唐朝与东南亚、南亚、西亚的经济文化交流中发挥了重大的作用。

由于生产技术的提高，实行多种经营，除了种植双季稻、薯类粮食作物外，还发展了棉花、麻类、果树等经济作物，以及种桑养蚕，在峰州至爱州一带每年收获蚕茧达8次。

在农业发展的基础上，安南的手工业发展也很显著。由于生产出大量的棉、麻、丝，引入纺织技术和印染技术，促进了纺织业的发展，棉布、麻布等纺织品产量大增，且丝绸品质优良，一些红霞花布、锦缎、绉纱等往往作为贡品向朝廷缴纳。同时，采矿业、冶炼业和陶瓷业也有很大的发展[1]。

随着农业和手工业发展，也带来了商业的繁荣，从而促进了商品经济的发展。从内地到安南，以及安南地区各个州县之间，水陆交通都很便利。通过连接内地的陆路和广州至交州的海路，内地商人主要是运来瓷器、茶叶、中药等商品，从安南运回的主要是当地的各种丝绸和土特产品[2]。

---

[1] 近年越南在安沛、河内、清化等发掘的唐代古墓中，出土了大量的铁斧、铁刀、铁钉、铁箭头以及陶瓷器皿。

[2] 越南各地近年均有大量的唐代铜钱如开元通宝、乾元通宝、元和通宝被发掘出土。

（三）城镇交通建设

城镇建设是一个地区发展的重要标志。交州地区的城镇建设重点在红河三角洲平原，汉朝三国两晋南北朝主要是红河北岸的嬴陵，隋唐以后则转到了红河南岸的罗城。

公元2世纪以后的多个世纪中，嬴陵一直是交趾地区政治上最重要、经济上最繁荣、文化上最发达的都市，直到公元6世纪，前后长达约5个世纪。到了7世纪，隋唐时期，中央在交趾地区设立安南都护府，在紧邻嬴陵的红河西南岸建立大罗城（即今河内）作为府治。新建立的罗城与原来的嬴陵仅一河之隔。公元10世纪末，越南独立后的李朝建都升龙（即今河内），嬴陵逐渐衰落。如今的河内是越南的首都及政治、文化中心，也是越南北方最大的城市和经济中心。它的范围几乎涵盖了昔日的古螺、嬴陵、罗城。嬴陵所在的北宁地区被越南人称为"京北"，即京都的北部。"'京北'建有很多寺庙古塔，是历史文化名胜古迹，是各方宾客参观旅游的地方"。从早年的古螺到后来的嬴陵、罗城，以及越南独立后作为国家首都多个世纪，河内作为一个都市至今已经有了近两千年的历史。

高骈筑罗城。上述可见，唐朝国势强盛，特别是前期政策措施得力，安南尽管地处边陲，但后来由于一些循吏的治理而获得飞跃的发展。其中，高骈任职安南期间，治理政绩卓著，打退南诏，收复安南，是其最大的功绩，而修筑州城，疏浚海道，造福安南百姓，也为后人所称道。

在前人已开始筑城的基础上，高骈于唐咸通七年再次修筑和扩建大罗城（今河内）。据《越史略》对高骈修筑的罗城记载："周回一千九百八十丈零五尺，高二丈六尺，脚广二丈六尺。四面女嬙，高五尺五寸。敌楼五十五所，门楼五所，瓮门六所，水渠三所，踏道三十四所。又筑堤子，周回二千一百二十五丈八尺，高一丈五尺，脚阔三丈。又造屋五千余间。"而据《资治通鉴》和《大越史记全书》记载：高骈造屋多达40余万间。上述书籍记载的造屋数字出入很大，不过，可说明当时的罗城确实是一座大都市。

唐朝以前，交州往广州的海路，沿途多有礁石横阻，常倾覆舟船，运输艰难。高骈在经过实地考察后，奏请朝廷疏浚从广州至交州的海道。疏浚该海道，工程量大，需要克服很多艰难险阻。但高骈认为这是利国利民的大事，所以决定迎难而上，以厚利招工开凿，终于清除暗礁，使这条岭南海道畅通无阻。史载："以广州馈运艰涩，骈视其水路，自交至广，多有巨石梗途，乃鸠工徒作法去之，由是舟楫无滞，安南储备不乏，至今赖之。"①

高骈任安南节度使 5 年，殚精竭虑，多行善政，造福百姓，深受当地人民爱戴，生为立祠，尊为高王。今越南的北宁、义安等地尚保存有高王庙。越南史学家吴时仕说："高骈在安南，破南诏，以拯一时之生灵，筑罗城，以壮万年之都邑，其功伟矣！至于通漕路、置使驿，凡事皆奉公而行，无一毫之私。""张舟破占、环城、骧、爱，高骈累败云诏，保全安南，皆有功于我土，而骈之任久于舟，今国中妇孺能言之。前后牧守皆不能及骈，盖骈之功为独盛也。"②

（四）若干起事

由于安南地区远离中央，常不得良吏，加上赋税较重，唐朝安南也爆发了一些当地土著的暴动，规模比较大如公元 681 年李嗣仙、722 年梅叔鸾暴乱、819 年杨清倒戈等，最后均被官府所平定。

安南在改为都护府之前，该地区的农户只需向官方缴纳"户岁半租"，农民的负担比较轻。679 年交州改为都护府，刘延祐任安南都护兼本管经略招讨使。刘延祐把原先岭南"俚户"的输半租，改为输全租，增加了俚户负担，导致他们不满。安南人李嗣仙带头谋反，被刘延祐所诛。687 年，李嗣仙余党丁建、李思慎率众起事，围攻安南官府，击杀刘延祐。唐廷派桂州司马曹玄静率兵讨伐，擒杀丁建、李思慎等。

722 年，朝廷向安南催交贡品荔枝，引起农民不满。安南人梅叔鸾便乘机号召农民起义反抗官府，附近大量对朝廷不满的民众前来投奔。梅叔鸾生于枚埠地区（今越南河静省石河县），身材魁梧，面目黝黑，自称"黑帝"。梅叔鸾还与林邑国、真腊国联络，联合山区酋长等，北上攻下安南都护府城宋平。唐玄宗得知安南叛乱后，派遣骠骑将军兼内侍杨思勖与安南大都护光楚客一起前往镇压，大军沿着马援当年攻打交趾故道南下，大败起义军。梅叔鸾败逃后去世，残余部众不久被朝廷官军消灭。

---

① 据《旧唐书》。
② 转引自陈修和：《中越两国人民的友好关系和文化交流》，北京：中国青年出版社，1957 年。

唐宪宗时，李象古任安南都护，出身"土酋"的杨清任驩州刺史。后来，李象古将杨清调任"牙门将"。对此，杨清郁郁不快。819年，安南黄洞少数族群作乱，李象古命杨清率兵三千前往镇压。杨清与其子倒戈相向，进攻安南都护府，杀李象古及其妻子、部属千余人。朝廷命唐州刺史桂仲武为安南都护，迁杨清任琼州刺史，但是杨清不服从调动，据守安南，阻止桂仲武上任，并在境内肆意"刑戮僭虐"，致使安南民不聊生。桂仲武联络安南各地土酋，分化瓦解杨清部队。820年，桂仲武收复杨清据地，击杀杨清，安南归于平静。

（五）唐朝安南的对外交流与防御

安南是个富庶的地区，只有东北面的广州与其比肩，西北面的南诏（今云南地区）、西面的文单和唐明、南面的林邑发展环境和条件都不如安南。安南是当时中国大陆的南端，除了与林邑接壤外，还面向很多南面及西域的国家。这样安南既与这些国家有交流，也面临它们的威胁。

1. 对外交流

隋唐时期，安南虽然内乱频起，外部林邑、南诏不断侵扰，但由于该地区物产丰饶，地理位置优越，其与真腊（今柬埔寨）、文单（今老挝）、昆仑（今马来亚）、骠国（今缅甸）、天竺（今印度）以及中亚和西亚各国的贸易交流仍很频繁。安南用丝绸和各种土特产品交换东南亚、南亚、中亚、西亚商人的香料、药品、锡器、玻璃器皿等货物。

在文化方面，唐代安南对外交流也比较频繁，尤其是史籍记载了一些安南僧人从海上到印度去取经。《大唐西域求法高僧传》，以僧传的形式记述了唐初从641年（太宗贞观十五年）到武后691年（天授二年），40余年间共有57位僧人到南海和印度游历求法的事迹，其中包括安南僧人6人。6人中运期、木叉提婆、窥冲、慧琰为交州人，智行、大乘灯为爱州人。《大唐西域求法高僧传》（上卷）说，"运期师者，交州人也，与昙润同游，仗智贤受具，旋回南海十有余年，善昆仑音颇知梵语。后便归俗住室利佛逝国，于今现在，既而往复宏波传经帝里，布未曾教斯人之力，年可四十矣"。"智行法师者，爱州人也，梵名般若提婆（唐云慧天）泛南海诣西天，遍礼尊仪。至弶伽河北，居信者寺而卒，年五十余矣"①。

不过，越是到唐代的后期，安南地区在中国对外交流的重要地位越是被东边的广州所取代。

2. 对外防御

安南地处南疆，与文单、唐明隔长山山脉为邻，双方因交通困难而来往不多，冲突更少。但是，西北有崛起的南诏，南面有多年叛服无常的林邑，唐朝安南不时受到来自南部林邑、西北南诏，甚至来自海上爪哇的侵袭。

8—9 世纪，先后有阇婆（爪哇）、林邑和南诏从北南两个方向入寇安南，尤其是西北的南诏不断侵扰安南。南诏是中国云南境内由白族先民为主体建立的一个少数民族地方政权。9 世纪中期以后，南诏不断南侵，"咸通元年（860 年）十二月，戊申（初三），安南土蛮引南诏兵合三万余人乘虚攻交趾，陷之。都护李鄠与监军奔武州"②。"咸通六年（865 年）五月，安南都护高骈奏于邕管打败林邑蛮。……是岁秋，高骈自海门进军破蛮军，收复安南府。自李琢失政，交趾湮没十年，蛮军北寇邕、容界，人不聊生，至是方复故地"③。公元 864 年，唐懿宗任高骈为安南都护。866 年，高骈大破南诏军，克复交趾城，南诏退走，安南在被南诏侵扰 10 年后重新回到唐朝直接管辖之下。唐朝改都护府为静海军节度使，晋升高骈为静海军节度使。高骈在安南曾写下多首脍炙人口的诗篇，如：

《南海神祠》：

"沧溟八千里，今古畏波涛。

此日征南将，安然渡万艘。"④

《安南送曹别敕归朝》：

"云水苍茫日欲收，野烟深处鹧鸪愁。

---

① 学佛网，发布日期 2015 年 12 月 9 日，网址 http://www.xuefo.net/nr/article32/317770.html。

②《资治通鉴》卷 250，转引自中国社会科学院历史研究所《古代中越关系史资料选编》，北京：中国社会科学出版社，1982 年，第 127 页。

③《旧唐书》卷一九上《懿宗纪》，转引自中国社会科学院历史研究所《古代中越关系史资料选编》，北京：中国社会科学出版社，1982 年，第 128—129 页。

④《全唐诗》卷 598。

知君万里朝天去，为说征南已五秋。"①

由于安南多年被南诏侵扰，唐朝无暇顾及环王（即此前称之林邑）。8世纪开始，中国史籍开始采用环王或占城的称呼代替林邑，其统治中心包括今天越南广南地区。环王发展至第五王朝的公元859年，因国王毗建陀跋摩无嗣而告终。自第六王朝起，中国史籍记载该国事迹，不再称其为环王，而称其为占婆或占城。

三、文化繁荣

东汉后期到三国初期，中原大乱，交州偏安，大量的士人雅客南下交州避乱，带来了中原文化，使交州文化有了一个大的发展和繁荣。公元226年交趾太守士燮去世，尤其是264年交广分治，一些中原人士北归，使交州文化发展的动力有所减弱。不过，由于两汉到三国初期，国家发展岭南的重点是西部，使交州地区的文化打下了扎实的基础，所以三国后期到两晋南北朝时期，虽然中原持续动荡，但交州地区的文化还是不断地往下层发展，包括儒家学说以及佛教、道教等宗教信仰日益深入百姓之中。

唐代安南位于中国当时版图的最南面，远离政治经济文化中心长安。朝廷中央要惩罚、贬谪一些官员，往往会将他们流放到偏远的地区——安南。王福畤、杜审言、沈佺期、刘禹锡、张籍、贾岛等一些著名文人官员就曾被贬官寓居安南。他们来到安南，既以文教施行当地，也以诗文抒发情怀，留下了大量不朽的文学作品。唐诗是中国文学的巅峰之一，也是世界文学的高地之一。唐代安南留下的诗文是唐诗唐文百花园中绚丽的花朵。

"初唐四杰"：王勃、杨炯、卢照邻、骆宾王，创作了很多脍炙人口的诗歌和文章，为唐代文学发展繁荣做出了重要贡献。王勃在四人当中，排在首位，其父亲王福畤曾任太常博士、雍州司功等公职，因王勃事王福畤受到连累，从雍州司功参军被贬为安南县令。王福畤被贬安南期间，王勃千里迢迢来到安南看望父亲。然而王勃回乡途中沉船殒命，年仅26岁，实为痛憾。今越南义安省建有王夫子（福畤）庙，供奉有王福畤的塑像，祭祀王福畤。

①《全唐诗》卷598。

《全唐诗》中有朝廷命官在安南作的诗，也有安南当地作者作的，还有赠别安南友人的。很有可能，由于种种原因，很多未能收入《全唐诗》而遗失。时任安南都护的高骈，既是封疆大吏，也是很有诗才的文人，《全唐诗》中收有他的《南海神祠》《欢征人》《赴安南却寄台司》《闺怨》《国天威径》《安南送曹别敕归朝》《南征叙怀》①等。

杜审言（约 645—708 年），是唐代著名诗人杜甫的祖父。唐中宗神龙初年，他被流放到安南峰州（今越南越池东南），在此期间创作了著名的五言律诗《旅寓安南》：

"交趾殊风候，寒迟暖复催。仲冬山果熟，正月野花开。

积雨生昏雾，轻霜下震雷。故乡逾万里，客思倍从来。"②

沈佺期（约 656—715 年），今安阳市内黄县人，唐代诗人，尤长七言之作。有集十卷，编诗三卷。公元 705 年被流放安南驩州，因沉冤不白，意有不甘，洗冤雪耻的决心支撑着他。705 年秋，他从长安出发，经四川、湖南、云南辗转了一年才到达贬地驩州。他在安南生活了五年，710 年获得平反，从驩州北上，711 年到达长安就任新职。他在安南创作多首诗歌，描述驩州风土人情及思乡之感。如：

《初达驩州》：

"自昔闻铜柱，行来向一年。不知林邑地，犹隔道明天。

雨露何时及，京华若个边。思君无限泪，堪作日南泉。"③

《题椰子诗》：

"日南椰子树，香袅出风尘。丛生调木首，圆实槟榔身。

玉房九霄露，碧叶四时春。不及涂林果，移根随汉臣。"④

《度安海入龙编》：

"我来交趾郡，南与贯胸连。四气分寒少，三光置日偏。

尉佗曾驭国，翁仲久游泉。邑屋遗甿在，鱼盐旧产传。

越人遥捧翟，汉将下看鸢。北斗崇山挂，南风涨海牵。

别离频破月，容鬓骤催年。昆弟推由命，妻孥割付缘。

---

① 《全唐诗》卷 598。

② 《全唐诗》卷 62。

③ 《全唐诗》卷 96。

④ 《全唐诗》卷 96。

梦来魂尚扰，愁委疾空缠。虚道崩城泪，明心不应天。"①

《全唐诗》还收录有署名为懿宗朝举子的安南本地人写的《刺安南事诗》，该诗描述了公元863年（咸通四年）安南被南诏入侵的情况，入木三分。

"南荒不择吏，致我交趾覆。联绵三四年，致我交趾辱。

儒者斗则退，武者兵益黩。军容满天下，战将多金玉。

刮得齐民疮，分为猛士禄。雄雄许昌师，忠武冠其族。

去为万骑风，住为一川肉。时有残卒回，千门万户哭。

哀声动同里，怨气成山谷。谁能听鼓声，不忍看金镞。

念此堪泪流，悠悠颍川绿。"②

随着安南地区经济文化的发展，朝廷中央也把科举制度推广到安南。会昌五年（845年），唐王朝允许安南同福建、黔府、桂府、岭南等地一样，每年送进士7人、明经10人到礼部，会同全国各地的乡贡、生徒，参加科举考试。自此，不少安南人通过考试，入仕为官。姜公辅（730—805年），爱州日南（今越南清化）人，官至唐朝宰相。783年（建中四年）十月，朱泚率叛军进攻奉天，姜公辅护驾，献策有功，升为谏议大夫，同中书门下平章事。后姜公辅因言语得罪德宗，被贬为泉州别驾。805年（贞元二十一年），顺宗即位，起用为吉州刺史，未及到任而卒于福建九日山。《旧唐书》载，"登进士第，为校书郎。应制策科高等，授右拾遗，召入翰林院为学士。岁满当改官，公辅上书自陈，以母老家贫，以府掾俸给稍优，乃求兼京兆户曹参军事，特承恩顾。才高有器识，每对见言事，德宗多从之。建中四年十月，泾师犯阙，德宗仓皇自苑北便门出幸，公辅马前谏曰：'朱泚尝为泾原帅，得士心。昨以朱滔叛，坐夺兵权，泚常忧愤不得志。不如使人捕之，使陪銮驾，忽群凶立之，必贻国患。臣顷曾陈奏，陛下苟不能坦怀待之，则杀之，养兽自贻其患，悔且无益。'德宗曰：'已无及矣！'从幸至奉天，拜谏议大夫，俄以本官同中书门下平章事"③。

唐代以诗文取士，欲为官者，先通诗文。可见，姜公辅的诗文造诣很

①《全唐诗》卷97。

②《全唐诗》卷784。

③ 刘昫等：《旧唐书》列传第88，北京：中华书局，1975年，第3787页。

深，可惜未能留下其诗作，但有一赋一策流传于世：《白云照春海赋》《对直言极谏策》①。安南人能在内地甚至朝廷做官，也由此可见唐代安南的文风之兴盛。

余论

唐代安南经济文化之发展繁荣，今人难以想象，包括当地人也不知晓了，实在令人唏嘘。这是有很多历史原因所造成的。安南独立后，注重发展本土文化，尤其是法国殖民统治后，采取了一系列措施，隔断越南与中国文化的联系，西化越南，其中最为显著的是废除越南人使用了两千多年的汉字，使得很多越南人已不会汉文。越南的古籍以及大多数人的家谱都是用汉字写成的，如今绝大部分的越南人都已看不懂了，造成了越南历史文化的隔断。20世纪70年代后期到80年代，中越关系恶化，很多越南人视汉字为洪水猛兽，不学汉语，甚至把有汉字的书籍付之一炬。所幸的是，中越关系在20世纪90年代正常化了，中越经济文化交流日益活跃，越南人逐步意识到越南文化与汉文化是分不开的，成年人开始补习汉语，很多中小学开设了汉语课程。希望越来越多的今人，尤其是当地人了解古代安南的历史文化，减少对古代中原与安南地区交流往来的误解，以有利于当今中国与越南睦邻友好关系的良性发展。

---

① 《全唐文》卷446。

海上交通与信仰研究

海南航海文化史之源头探索①

陈　强　黎珏辰②

【内容提要】海南航海文化是中国官方以及海南人在南海上（主要是在海南海域范围内）航海实践过程中所创造的物质财富和精神财富的总和。考古调查证明，早在新石器时代晚期，海南人和华南人就已远航，登上了西沙群岛和南沙群岛。海南黎族先民航海使用的漂浮工具有腰舟、木竹筏和独木舟。由于黎族先民自身的局限性，虽然他们是较早的南海航海者，也最早登上南海诸岛进行生产和生活，却未能成为航海民族。然而，海南先民们闯海过程中显示出来的勇气与胆魄，早已融入后人的血液，成为海岛文化基因的重要组成。一部波澜壮阔的海南航海文化史也由此开篇。

【关键词】海南；航海文化史；源头

海南岛孤悬海外，一条玉带般的琼州海峡生生阻隔了大陆和海南，通途变天堑。自古以来海南岛被汉人视为蛮荒之地，又被称为天涯海角。随着海南岛上最早的族群——黎族的形成，天涯故事终于有了第一任主人公，海南航海文化的历史从此也有了起点。

一、何谓海南航海文化

被誉为"人类学之父"的英国人类学家泰勒（Edward Burnett Tylor）在其 1871 年出版的代表作《原始文化》中最先给"文化"下了定义："文化或文明，从民族学的观点看，是一个复杂的整体，它包括知识、信仰、艺术、

① 基金项目：三亚市 2022 年度哲学社会科学规划课题"自贸港背景下三亚乡村现代文化建设研究"（项目编号 SYSK2022-06）、2018 年国家社科基金项目"海南航海文化史与南海主权研究"（项目编号 18BSH004）。

② 作者简介：陈强，三亚学院社会学教授，博士；黎珏辰，三亚学院艺术学院艺术学教授，硕士。

伦理道德、法律、风俗习惯以及作为一个社会成员的人通过后天学习获得的任何其他能力和习性。"[①]

《中国海洋文化·海南卷》中关于"海洋文化"一词的界定是：海洋文化是指一定群体与海洋之间长期互动，了解、认识海洋相关规律，从而达到利用海洋为人类服务的目的，在这一过程中形成的和海洋有关的文化。它是人类对海洋的认识、利用和因由海洋而创造出来的精神的、行为的、社会的和物质的文明生活内涵。海洋文化的本质是人类与海洋的互动关系。换言之，海洋文化是人类在开发利用海洋的社会实践过程中形成的精神成果和物质成果，如人们的认识、观念、思想、意识、心态以及由此而生成的生活方式，包括经济结构、法规制度、衣食住行习俗和语言文学艺术等形态，海洋民俗、海洋考古、海洋信仰、与海洋有关的人文景观等都属于海洋文化的范畴。[②]

如此看来，海洋文化包含了航海文化。学者孙光圻认为，航海文化是一个国家、一个民族或一群人在航海实践过程中所共同具有的符号、价值观、规范及其物质形式。[③]学者孙福胜则认为，航海文化是航海活动者在航海实践过程中所创造的物质财富和精神财富的总和，它包括航海运输与贸易、航海科学技术、航海政策、航海军事活动、航海精神、航海宗教民俗、航海文学艺术等方面的内容。[④]在笔者看来，这两个对"航海文化"的定义都有一定的合理之处。相较而言，笔者更赞同第二个定义。不过，第二个定义中的"航海活动者"还是有些模糊。因此，可调整如下：航海文化是一个国家或一群人在航海实践过程中所创造的物质财富和精神财富的总和，它包括航海运输与贸易、航海科学技术、航海政策、航海军事活动、航海精神、航海宗教民俗、航海文学艺术等方面的内容。

由于南海海域的大部分属于海南，因此海南航海文化就是中国官方以及海南人在南海上（主要是在海南海域范围内）航海实践过程中所创造的物质财富和精神财富的总和。

---

① Tylor, E. B., *Primitive culture*, Vol. I, John Murray, 1989, p.1.

②《中国海洋文化》编委会：《中国海洋文化·海南卷》，北京：海洋出版社，2016年，绪言第1—2页。

③ 孙光圻：《传统中国航海文化及今日之鉴》，载《人民论坛》，2012年第6期。

④ 孙福胜：《航海文化建设初探》，载《科技创新导报》，2010年第28期。

海南岛四面环海，北有琼州海峡，西临北部湾，东部和南部与南海无缝衔接。在工业时代来临之前，连接岛内外的唯一交通工具只有舟船。乘舟船出海，从横渡海峡到驰骋南海，海南先民靠智慧和坚毅书写的壮阔航海史，已然成为中国海洋史当中的一个精彩片段。本文将聚焦于海南航海文化的史前阶段，试图钩沉出海南先民初涉海洋时的样子，重温那段充满艰辛和卓越的历史。

二、海南岛最早居民——黎族的来源

海南是一个集黎、苗、回等少数民族与汉族为一体的海岛社会。黎族是海南岛最早的居民，在历史上曾长期是岛上人口最多的民族。

关于海南黎族的来源问题，学界有"南岛说""大陆说""本土说""多元说"四种观点。"南岛说"认为，黎族祖先系从东南亚地区或者大洋洲地区渡海迁徙到海南岛。"大陆说"为学界主流观点，此观点认为，海南黎族系约3000年前由中国大陆迁徙而来，其祖先乃先秦时期南方百越原始部落的一支——骆越。"本土说"认为，黎族的先民乃是距今2万至3万年前海南岛西部出现的原始人类、距今1万年前海南岛南部出现的"三亚人"以及新石器时代全岛各地出现的原始人类。"多元说"认为，黎族的族源不是单一的，而是多元的，即由海南岛土著、南岛语族群或中国南方百越族群共同组成，并经过长时间的融合。笔者基本上认同海南黎族来源的"多元说"，并认为黎族的来源主要有三个：距今1万至3万年前生活在海南岛的原始人类、北上迁移来海南岛的南岛语族群、南下迁徙到海南岛的中国南方骆越族群。这三支人类在海南岛碰撞交融，最终演化为黎族。

三、海南岛黎族先民的南海航行

（一）海南黎族先民曾航海到西沙群岛和南沙群岛

为了研究海南、南海及华南的历史，1991年4月下旬到7月上旬，被誉为"南沙考古第一人"的考古学家、史学家、中央民族大学王恒杰教授来海南考察，并于5月下旬至6月中旬到西沙群岛进行考古调查。他先后调查了永兴、石岛、中建、琛航、广金、金银、甘泉、珊瑚等岛的岛面、海滩及附近礁盘，发现并采集到从史前、战国、秦、汉、隋、唐、宋、元、明、清直至近代各时期的遗物，包括石器、陶器、瓷器及大量陶瓷残片和铁器等。[①]1992年5月14日至6月16日，1995年5月11日至19日，王恒杰先生带领团队到南沙群岛进行两次考古调查，发掘了秦、汉一直至明清和近现代的遗物，包括陶瓷残器、钱币、铁锚等。[②]这些考古调查证明，早在新石器时代晚期，海南人和华南人就已远航，登上了西沙群岛和南沙群岛。

王恒杰教授

王恒杰指出："甘泉岛出土的梯形石斧为海南及华南原始文化遗址所易见，陵水的猴岛、万宁的港北遗址皆有出土，二地出土物皆与甘泉岛所出土的形制一致。而（甘泉岛出土的）有肩石器则更是我国华南原始文化的特征之一，特别是在珠江三角洲地区，这一文化特征的石器制作有广泛的发展，出土材料十分丰富。尽管广东新石器时代晚期遗址遍及广东所有大小河流及海湾岸边，文化特征因地域不同而有若干差异，但有肩石器则几乎在每个遗址中都有发现。而上述斜刃、断面近锛的有肩石器，在海南的文昌、琼山、万宁、陵水、保亭、白沙、琼中、乐东、三亚和东方、昌江等县都有广泛出土，它们之间形制甚为一致。石器的斧削又为海南所常见器。这些都说明甘泉岛的遗物所表现出的文化特征，和我国海南及华南文化属同一系统，甘泉

① 王恒杰：《西沙群岛考古调查》，载《考古》，1992年第9期。
② 王恒杰：《南沙群岛考古调查》，载《考古》，1997年第9期。

岛的遗物系海南及华南的先民所带去。……从而可以肯定，至少在距今2500—3000 年前，海南和华南居民的先人就已在永乐群岛生产和生活了。"①

王恒杰也指出，两次南沙考古调查采集到的遗物"来自海南、华南等地。例如水波纹及压印纹硬陶以前在西沙群岛、海南岛及广东的战国秦汉遗址中都有出土，为同一体系。……这些遗物是我国海南、华南地区先民为开发、经营、建设南海所携去，是中国历代渔民、商人、航海家在南沙海域生活、渔作、交通往来的史迹。这些文物或是他们在岛礁上生产生活的遗留或是触礁沉船的遗落或是我国先民对亚非欧各国海路经贸活动中沉船所遗。总之，这些文物本身说明至少在二千多年以前，我华南沿海先民就已经开始在南沙群岛进行生产和生活，证明我国古代自《逸周书》、商周甲骨及春秋战国秦汉以来有关南海包括南沙的记述是有根据的"②。

海南或华南原始先民是如何来到西沙群岛的？学者阎根齐认为，华南人或海南人到西沙群岛应走两个海路，一个是通过北部湾，另一个是从海南岛南部，即今三亚市和陵水县一带出发，直接向南，经过广袤的深海到达西沙群岛。③

（二）海南黎族先民航海的原因

原始人航海的原因是什么？史学界有不同的观点，比较流行的观点主要有三种。第一种观点认为是环境变化导致的。美国夏威夷大学人类学教授 Barry Rolett 认为："海平面的变化是航海兴起的一个直接诱因。末期冰期结束以后，全球气候不断变暖，海平面总体上处于上升过程，但上升的幅度、速度是存在波动的。根据第四纪地质学家的研究，大致来说距今 7500 年左右，海平面进入了快速上升的时期，直到距今 6000—4500 年间，海平面大致高于现今水平约 2.4 米，形成一个高海面时期，到了距今 4000 年左右海平面再次回复到现今水平。高海面时期，东南大陆沿海狭窄的农耕平原地带大多被海水淹没，人群生存空间压力更大，同时有些原本与大陆相连的沿海高

---

① 阎根齐：《南海古代航海史》，北京：海洋出版社，2016 年，第 35 页。
② 阎根齐：《南海古代航海史》，北京：海洋出版社，2016 年，第 35 页。
③ 阎根齐：《南海古代航海史》，北京：海洋出版社，2016 年，第 36 页。

地就成为岛屿，岛屿上的居民与大陆的交通也只能通过航海。"①第二种观点认为是人类生活与生产的迫切需要导致原始人航海。学者孙光圻认为，人们在海岸边涉水捕捞时间长了以后，滩岸浅水的捕捞显然无法为近海人们提供足够食物。有些水生植物喜欢生活在较深的水域中，而有些陆生植物可能出现在河流的彼岸，人类为了突破自身的条件限制，到较深的水域中捕捞和渡涉，就必然要设法寻找或制作得以在水上漂浮的器具。"原始社会的水上漂浮与航行的工具正是因人类生活与生产的迫切需要，在漫长的反复实践中逐步产生的。"②第三种观点认为，原始人航海的原因是有意识或无意识地到另一岛上生存。住在河流或潟湖边的人们，由于湖泊和河流是与大海相通的，稍不留心或有意识地到达浅海，发现仍能航行，便开始逐步提高在海上的航行能力，于是航海开始了。③

笔者猜测，原始人航海的原因有五个。一者，在海边生活的原始人已不满足于近海捕捞，原因是收获的海洋动植物品种和数量都较有限。原始人思考判断：远海的水域更广更深，那里生活的海洋动植物更多更丰富，于是原始人产生了航海到远海捕捞的想法。二者，原始人自身的有限性和海洋的无限性使原始人产生了航海探索的欲望。在原始人眼里，海洋碧波万顷，浩瀚无垠，一望无际，深不可测，生活着无穷无尽的水生动植物。面对海洋的博大和无限，原始人感受到了自身的渺小和有限，从而产生了通过航海探索海洋的欲望。三者，人类的一个珍贵特质在于拥有一颗好奇心。海洋这个蔚蓝的巨大的世界激发了原始人的好奇心，于是想通过航海进入海洋世界，触摸它，感受它，看清它。四者，人类的另一个珍贵特质在于拥有丰富的想象力。海洋这个壮阔的美轮美奂的存在物激发了原始人的无穷想象力。他们会想象：海洋是个丰富多彩的世界，有许多宝藏、风景和故事。这些都值得他们通过航海去发现。五者，为了更高效地在近海捕捞，原始人发明了漂浮工具，以扩大捕捞范围，在乘漂浮工具捕捞过程中，可能由于天气变糟（如突然来了台风），漂浮工具被巨浪推离开浅海区，漂向远海，航海探险征程由此开始。

---

① 〔美〕Barry Rolett：《中国东南的早期海洋文化》，收录于蒋炳钊主编《百越文化研究》，厦门大学出版社，2005年，第132页。

② 孙光圻：《中国古代航海史》，北京：海洋出版社，2005年，第22页。

③ 阎根齐：《南海古代航海史》，北京：海洋出版社，2016年，第33页。

上述原始人航海的五个可能的原因，也许就是海南黎族先民航海的原因。

（三）海南黎族先民航海使用的漂浮工具

海南黎族先民航海使用的漂浮工具是什么？

海南黎族先民使用过的漂浮工具有腰舟、木竹筏和独木舟。

腰舟即葫芦。黎族有很多神话传说都与葫芦有关。"'葫芦瓜'的传说在黎族地区非常盛行。传说远古时候，黎族地区洪水暴发，很多的人几乎灭绝，只幸存一男一女和一些动植物藏在葫芦里。后来他俩结婚了，繁衍了人类。葫芦瓜不仅保住了黎族祖先的生命，繁衍了人类，也给他们的生产生活提供了多种多样的便利，因此葫芦瓜便成了黎族图腾崇拜的对象。"[1]

葫芦如此神圣，而且便利，黎族先民使用葫芦泅水也就顺理成章了。清代张庆长著的《黎岐纪闻》记载："黎水盛涨时，势涌流急，最苦难渡。黎人往来山际，多用大葫芦带身间，至溪流处，则双手抱之，浮水而过。"学者宋兆麟曾于 20 世纪 90 年代调查了海南五指山一带的黎族使用葫芦浮具的情况，发现"他们使用的水上交通工具起初就是葫芦，后来才有独木舟、竹筏和木板船。海南岛地处热带、亚热带，加之黎族善于种植葫芦，每家都有一个葫芦架，其上吊着大大小小的葫芦"[2]。"海南黎族对于腰舟的使用非常广泛，不仅学生上学，外出走亲戚，甚至到田野劳动都要带上腰舟，已经成为生活的一部分。现在海南省白沙黎族自治县的'黎族渡水腰舟'已在 2009 年 6 月被纳入海南省非物质文化遗产保护名录。"[3]

---

① 陈思莲：《黎族原始崇拜的文化解读》，转引自阎根齐《南海古代航海史》，北京：海洋出版社，2016 年，第 38—39 页。
② 宋兆麟：《葫芦的功能与栽培技艺》，载《农业考古》，1993 年第 1 期。
③ 阎根齐：《南海古代航海史》，北京：海洋出版社，2016 年，第 40 页。

清代佚名绘本《琼黎风俗图·运木》

　　木竹筏比腰舟好用，使人免遭被水浸泡之苦，而且更加平稳，速度更快，能载人载物，制作也容易。"一根树干就可作为一件浮具，但树干体圆在水中易于翻滚，为求其平稳，人们便将两根、三四根，乃至若干根树干或大柱编扎在一起，由此而演变成了筏。经近代学者考证，筏是新石器时期的百越人发明的，以后随着越人在海上的漂航活动，将筏子流传到印支半岛、南洋群岛和拉丁美洲的秘鲁沿海各地"①。学者阎根齐指出："我们从海南黎族先民的风俗中可以看出，竹木筏主要用于在河流中，但在海湾和浅海中也经常使用竹木筏。"②《琼黎风俗图·运木》记载："合众力推放至山下涧中，候洪雨流急，始编竹木为筏，缚载于上，以一人乘筏，随流而下。至溪流陡绝之处，则纵身下水，浮水前去；木因水势冲下，声如山崩。及水势稍

---

　　① 彭德清主编：《中国航海史·古代航海史》，北京：人民交通出版社，1988年，第4页。

　　② 阎根齐：《南海古代航海史》，北京：海洋出版社，2016年，第43页。

缓，复乘出黎地，此水虽同归于海，而所归之海，又非出口之地，于是，合众力扛拽抵岸，始得以牛力挽运出海之地焉。"[1]

历史上昌化江流域的独木舟（资料图）

由于竹木筏制作容易，使用方便，现今海南黎族聚居区仍将竹木筏作为水上交通工具。

独木舟比木竹筏更好用，更平稳，防水更好从而更安全，能运载更多的人和物。独木舟系由一棵树干制作而成。《海南黎族传统工艺》记载："独木舟的制作技艺是在不断进步的。当铁制工具没有进入黎族社会的时候，黎族先民用文火围着粗大挺直的树干一圈烧，把树烧倒后，将不要的部分，用文火烧掉，再用石斧等工具砍凿，这样疏松的焦炭层很快就被'刳'成带槽的舟……当铁制工具进入黎族社会，黎族先民用斧、刀或锯把树放倒后，用斧或刀先将树干上方削平，然后用斧或凿从平面往下挖凿成长形穴，把船头削成尖状，把船尾从上往下斜着削平，尾部顶端修整成半弧形，凿一个拴舟的洞，再将其表面修整，就成为独木舟。独木舟大小不一，通常约200—700厘米，宽约40—100厘米，可以乘坐1人至6人不等。"[2]

按照黎族来源"多元说"的观点，黎族的一个来源是来自广西境内的骆越人的一支。"三千年前的骆越人就是靠独木舟渡海到海南岛的。后称为黎

① 符桂花主编：《清代黎族风俗图》，海口：海南出版社，2007年，第182页。
② 符桂花主编：《海南黎族传统工艺》，海口：海南出版社，2013年，第196页。

族，现在黎族仍会制造和使用独木舟。独木舟在用于岛内的水上航行工具的同时，也必然用于岛四周近海的航海，而且，直到近现代黎族还在使用独木舟"①。有一种说法：骆越人登上海南岛后，没有现成的房屋可以居住，于是将带来的独木舟翻转过来，成为临时的住所，后来黎族建造的船型屋即发源于此。

独木舟具备了"所有船只所应有的最基本特征——干舷，有了干舷之后，人类不但在漂浮容器中获得了手脚完全解放的自由，而且他的自身及其货物也可以免遭水浪的浸润了"②。英国历史学家埃利奥特·史密斯认为："人类最早的航海是以独木舟为航海工具的，而且是南太平洋海洋文化的代表。"③ 学者阎根齐则认为："将独木舟作为具有划时代意义的南海航海的起源标志是当之无愧的。"④

为了证明人类可乘坐独木舟进行远程航海，2010 年，法属波利尼西亚独木舟协会发起和组织了一次"寻根之旅"活动。协会会员驾驶一艘重约 1.5 吨，长 15 米，宽 7 米，没有配备任何人工动力、导航设备以及现代食品的仿古独木舟，按照传统方式，借助星象、季风和洋流，从南太平洋上的法属波利尼西亚大溪地出发，途经 10 个国家和地区，历时近 4 个月，经过 1.6 万海里的艰难航行，于 11 月 19 日凌晨抵达目的地——中国福州。"正是模仿和沿着南岛语族先民当年从中国东南沿海迁徙至太平洋诸岛的方式和路线，反向航行，回到起源地福建"，"独木舟成功的漂徙，也进一步证明了通过独木舟这一海上交通工具，南岛语族先民完全可以具备从福建迁徙到南太平洋各岛的能力。"⑤

虽然这次"寻根之旅"活动的目的之一是证明"南岛语族先民完全可以具备从福建迁徙到南太平洋各岛的能力"，但这一壮举也足以证明海南岛黎族先民具备驾驭独木舟，从海南岛远航到西沙群岛和南沙群岛的能力。前述考古学家王恒杰先生在西沙群岛和南沙群岛的考古发现和调查证实了黎族先

---

① 阎根齐：《南海古代航海史》，北京：海洋出版社，2016 年，第 54 页。
② 孙光圻：《中国古代航海史》，北京：海洋出版社，2005 年，第 25 页。
③ 阎根齐：《南海古代航海史》，北京：海洋出版社，2016 年，第 60 页。
④ 阎根齐：《南海古代航海史》，北京：海洋出版社，2016 年，第 61 页。
⑤ 福建省昙石山遗址博物馆：《昙石山遗址：福建海洋文化的滥觞》，载《中国文物报》，2015 年 1 月 13 日。

民曾登上西沙群岛和南沙群岛，进行生产和生活。

王恒杰先生在西沙群岛发掘的新石器时代石器与海南岛出土的新石器时代石器的形制甚为一致，其在南沙群岛发现的几何纹陶残片应是海南或华南渔民带去的秦汉时期的盛贮容器。

四、海南黎族的发展变迁及其航海的局限性

由于孤悬海外，地理位置偏远，相较于大陆地区，历史上海南岛经济社会发展均较为落后。岛上的最早居民黎族先民长期以来生活在原始社会时期。汉朝海南岛被纳入中国版图，朝廷在岛上设置管理机构之后，海南黎族聚居区逐渐发生了一些变化。部分黎族村落与迁徙到岛上的汉人建立的聚居区毗邻，并进行了一定程度的经济和文化交流，从而受到了汉人的影响，发生了程度不同的汉化，甚至进入了封建社会发展阶段，成为"熟黎"（即汉化程度较高的黎人）。不过，由于中央王朝一直在海南岛实行"以黎治黎"（任命和使用黎族首领来治理黎人）的策略，使得大部分黎族村落仍长期生活在原始社会发展阶段，被汉人称为"生黎"（即未被汉化的黎人）。部分位于五指山、黎母山、莺歌岭一带的黎族村落处于原始社会发展阶段持续到中华人民共和国建国初期，并保留着"合亩制"[1]。

作为岛上的最早居民，黎族先民长期生活于原始社会发展阶段，因此海南岛的新石器时代的文化遗址为数众多。"含有石器的古遗址洞穴、冈丘、沙丘、贝丘有 200 多处，这些遗址广泛分布于海南岛各地"[2]。海南岛的新石器时代中期的文化遗址距今 6000 年至 4000 年前，"多为沙丘遗址，山坡遗址较少，代表性遗址有陵水石贡、大港村及定安佳笼坡、通什毛道等处，它们在文化面貌上较为一致。石器以磨制为主，器形主要有梯形斧、锛，还出现了有肩石器，打制石器已少见……其中，石贡遗址经 ^{14}C 测定，距今 4205 年左右"[3]。新石器时代晚期的文化遗址遍布海南全岛，"大都属于台地和山

---

① 合亩制是海南黎族原始的共同占有土地和共同耕作的经济制度，同时也是一种社会制度，在某种意义上它还是一种政治制度。可以说，合亩既是传统黎族社会最基本的经济组织，也是最基本的社会组织和政治组织。

② 郝思德、王大新：《海南考古的回顾与展望》，载《考古》，2003 年第 4 期。

③ 郝思德、王大新：《海南考古的回顾与展望》，载《考古》，2003 年第 4 期。

坡遗址，主要分布在昌化江、南渡江、陵水河、万泉河等江河及支流两岸的阶地和附近的岗坡上。这些遗址所出磨光石器在形制上流行有肩和器身较长的特点，双肩长身铲、大石铲、双肩斧、长身斧、有肩锛等颇具地方文化特点"①。海南岛的新石器时代持续非常长的时间。考古学家王恒杰先生指出，"我国华南地区的新石器时代可下延到商周以至春秋时代"，而海南新石器时代的下限"甚至延续到秦汉时期才逐渐消失"②。

在海南岛的文化遗址中，"沙丘（贝丘）遗址一般分布在临近海边及港湾旁的沙丘地带……高出海面6—10米，分布面积均较大，可达几千平方米。有的分布范围可绵延至一二千米，地表上也散见少量遗物。文化层堆积中含有大量的螺、蚌、蚝蜊等贝类遗壳"③，"这些遗址所出的磨光石器在形制上大多具有有肩和器身较长的特点，双肩长身石铲、大石铲、双肩石斧、长身石斧、有肩石锛等颇具地方特点"④，"从生产工具的种类、石网坠和蚌壳网坠的广泛使用，'蚝蜊啄'的大量使用，大量捕获生活在水较深的牡蛎来看，反映了独特的海洋文化特式"⑤，其中有肩石锛被认为是"远古的造船工具"⑥。学者阎根齐认为，海南岛黎族先民显然是较早的南海航海者，但他们还不能被称为航海民族，因为他们上岛以后仍然像登岛之前一样继续过着靠采集、狩猎，甚至有相对定居的农业生活，他们像走亲戚一样来往于琼州海峡两岸，加强文化交流，共同促进社会和原始技术的发展。⑦

由于黎族先民自身的局限性，虽然他们是较早的南海航海者，也最早登上南海诸岛进行生产和生活，却未能成为航海民族。在最早一批黎族先民远航登陆南海诸岛之后，黎族人应没有继续前往南海诸岛的征程，史书也没有相关记载。当然，仍有部分黎族人居住于海边，从事近海捕捞，过着渔民的生活。时至今日，海南岛沿海还有一些黎族渔村（如三亚市天涯区红塘湾红塘村），延续着近海捕捞的传统。

① 郝思德、王大新：《海南考古的回顾与展望》，载《考古》，2003年第4期。
② 王恒杰：《西沙群岛考古调查》，载《考古》，1992年第9期。
③ 王恒杰：《西沙群岛考古调查》，载《考古》，1992年第9期。
④ 王恒杰：《西沙群岛考古调查》，载《考古》，1992年第9期。
⑤ 王恒杰：《西沙群岛考古调查》，载《考古》，1992年第9期。
⑥ 王恒杰：《西沙群岛考古调查》，载《考古》，1992年第9期。
⑦ 阎根齐：《南海古代航海史》，北京：海洋出版社，2016年，第67页。

结语

　　人事有代谢，往来成古今；江山留胜迹，我辈复登临。回首望去，史前时期的种种渡海工具与技术与今天相比，实在相去甚远，但初民之智不容小觑。这种基于人与自然相生相伐的关系之中积累下来的知识与经验，使古代先民能够在各种已知或未知的环境中生存和繁衍下来。对于风险重重的海洋，他们主要基于观察自然现象（如海浪、风向、海鸟的飞行方向等），以此来判断海洋的状态和航行的方向。他们很可能已经掌握了一些初步的天文知识（如通过观察星象来确定方向）。在海南岛的文化遗址中，我们能找到一些与航海相关的文物（如鱼骨、贝壳、鱼钩等），这些都是海南先民航海生活的痕迹。这些物品不仅反映出他们的航海技术，也反映出他们与海洋之间的亲密关系。在一个环海而立的小岛之上，恐怕只有将目光投向海洋，向海而生，方能完成生命的绵延与文明的赓续。海南先民们闯海过程中显示出来的勇气与胆魄，早已融入后人的血液，成为海岛文化基因的重要组成部分。一部波澜壮阔的海南航海文化史也由此开篇。

参考文献：

　　［1］Tylor E B. Primitive culture, Vol. I [M]. John Murray, 1989.

　　［2］《中国海洋文化》编委会．中国海洋文化·海南卷［M］．北京：海洋出版社，2016．

　　［3］孙光圻．传统中国航海文化及今日之鉴［J］．人民论坛，2012（6）．

　　［4］孙福胜．航海文化建设初探［J］．科技创新导报，2010（28）．

　　［5］王恒杰．西沙群岛考古调查［J］．考古，1992（9）．

　　［6］阎根齐．南海古代航海史［M］．北京：海洋出版社，2016．

　　［7］蒋炳钊．百越文化研究［M］．厦门大学出版社，2005．

　　［8］孙光圻．中国古代航海史［M］．北京：海洋出版社，2005．

　　［9］宋兆麟．葫芦的功能与栽培技艺［J］．农业考古，1993（1）．

　　［10］彭德清．中国航海史（古代航海史）［M］．北京：人民交通出版社，1988．

［11］符桂花. 清代黎族风俗图［M］. 海口：海南出版社，2007.

［12］福建省昙石山遗址博物馆. 昙石山遗址：福建海洋文化的滥觞［N］. 中国文物报，2015-01-13.

［13］郝思德，王大新. 海南考古的回顾与展望［J］. 考古，2003（4）.

海南海神信仰的历史渊源与文化播迁①

郑力乔②

【内容提要】宋代以后随着海洋商贸活动日渐繁盛、造船技术的进步、渔民做海范围的扩大，海神信仰逐渐成为海南沿海地区普遍而重要的民间信仰。通过对海口、琼海等地沿海海神信仰的文献研究，从历史渊源、文化变迁、文化传播等角度梳理出伏波、天妃、兄弟公等海神信仰的主要特征，通过具体的田野调查展现地方海神信仰与民众生活的关联。说明宋代以来海神信仰与海南沿海地方社会形成的互动关系。

【关键词】海南；海神；伏波；妈祖；兄弟公

海南民间从什么时候开始有了海神崇拜和信仰？海南沿海的海神信仰与地方社会发展形成了怎样的关系？对于这些问题，学界已从信仰谱系和仪式活动③、区域性特点④、厉祭活动⑤、文化传播⑥等不同角度进行了相关研究，相比于这些研究，本文主要借助历史文献梳理和田野调查，从历史渊源、文化变迁、文化传播等角度梳理出伏波、天妃、兄弟公等海神信仰的主要特征，通过具体的田野调查展现地方海神信仰与民众生活的关联。地方志中记载，宋代以前海南民间没有专祀海神，中央王朝对海南民间信仰进行敕

---

① 基金项目：国家社科基金重大项目"中国东南海洋史研究"（项目编号19ZDA189）。

② 作者简介：郑力乔，海南热带海洋学院人文社会科学学院教授。

③ 周俊：《海南渔民海神信仰谱系及其仪式活动》，载《热带地理》，2022 年第7 期。

④ 陈智慧：《海南海神信仰的区域性特点》，载《三峡论坛（三峡文学·理论版)》，2020 年第 2 期。

⑤ 谢国先、丁晓辉：《古代海南海神信仰与厉祭活动》，载《海南热带海洋学报》，2023 年第 4 期。

⑥ 李庆新：《海南兄弟公信仰及其在东南亚的传播》，载《海洋史研究》，2017 年第6 期。

封，如五代十国时期敕封峻灵山神为镇海广德王，宋元丰中期诏封汉伏波将军为忠显王。"在宋以前，四海之神各封以王爵，然所祀者，海也，而未有专神。"①宋代以后随着海洋商贸活动日渐繁盛、造船技术的进步、渔民做海范围的扩大，海神信仰逐渐成为海南沿海地区普遍而重要的民间信仰。而天妃替代伏波成为专门的海神，"古惟海神，至宋于是海而始主之以伏波，后又通四海而专之以天妃。"②明清以来，海南各级官府建置坛庙，有社稷坛、风云雷雨山川坛、城隍庙、厉坛、伏波庙、关帝庙、天妃庙、真武庙、文庙、武庙、风神庙、龙王庙、昭应庙等，在这些神庙谱系中，包含了伏波、天后、兄弟公、龙王等保佑民众的海神。

一、历史文献中的海神信仰

(一) 伏波

唐宋海上丝绸之路兴起，海南当时有航道与广西廉州、钦州以及海外诸国相通，地理上海南被纳入到岭南与海外诸国相接的文化共同体当中，周去非在《岭外代答》中记述："自钦稍东曰廉州，廉之海直通交趾。自廉东南渡海曰琼州、万安、昌化、吉阳军。中有黎母山，环山有熟黎、生黎。若夫浮海而南，近则占城诸蕃，远则接于六合之外"③，地理的近便带来人员往来的频繁，从岭南到海南岛必须经过琼州海峡，海上航行的风险很大，尤其是遇到极端天气船只难免覆舟、裂舟、渗漏之险。船民常做好了"才登一去之舟，便作九泉之计"的心理准备。④自然会寻求神灵的庇佑，从方志史料看，宋代以前海南的海神信仰主要是伏波信仰，渡海的迁客和士子多到伏波庙来祭拜。宋人赵汝适记载了海南岛上的琼州（治在今海口市）、州、万安

---

① 〔明〕唐胄纂：《正德琼台志·下·坛庙》，海口：海南出版社，2006年，第540页。

② 〔明〕唐胄纂：《正德琼台志·下·坛庙》，海口：海南出版社，2006年，第541页。

③ 〔宋〕周去非著、杨武泉校注：《岭外代答校注》卷一《地理门·并边》，北京：中华书局，1999年，第4页。

④ 〔宋〕王钦若：《册府元龟》《校订本》卷六七八《牧守郡·兴利》，南京：凤凰出版社，2006年，第7815页。

军（治在今万宁市）等地都有了祭祀海神的建筑"琼州在黎母山之东北，郡治即古崖州。……海口有两伏波庙，路博德、马援祠也，过海者必涛于是，得杯之吉而后敢济。昌化在黎母山之西北，即古州也。……城西五十里，一石峰在海洲巨浸之间，形类狮子，俗呼狮子神，实贞利侯庙，商舶祈风于是。万安军在黎母山之东南。……城东有舶主都纲庙人敬信，涛卜立应。舶舟往来，祭而后行。"①此时海南岛上已有祭祀人物神的两伏波。②伏波信仰和峻灵王信仰与苏轼有关，伏波信仰在琼州海峡两岸由先贤祭祀演变为海神祭祀有苏轼的一份功劳。《正德琼台志》记载："东坡谓四州之地以徐闻为咽喉，朱崖既不可弃，则济者必不舍此。然古惟海神，至宋于是海而始主之以伏波，后又通四海以专天妃。"③

（二）天妃

元代以后，天妃（妈祖）信仰传入海南并迅速播及全岛沿海市镇。天妃也称天后娘娘，即妈祖。相传是福建莆田林姓人家的女儿，生于宋太祖建隆元年（960 年），传说她从小持斋吃素，侍奉神灵。此女后来羽化升天，经常救难于海上，能够暗中保护海上作业的渔船和渔民，受到了皇帝的敕封，被封为"天后""圣母"。据说在元朝天后随福建商人落籍海南。"按《灵著录》，妃莆田人，都巡林公愿第六女。母王氏，于宋建隆元年三月二十三日生妃于湄后林之地，祥光异香，洲中土色皆变而紫。少长，能乘席渡海，尝浮云捧足，游于岛屿。雍熙四年九月九日，居室二十有八而升化。尝朱衣旋舞，翩翩焉子水上飞行。乡人水旱疫疠海寇，求救响应。余灵异甚多，备见《录》。今渡海者必祭卜方行。"④"宋宜和中，朝遣使航海于高句骊，挟闽商以柱，中流适有风涛之变，因商之言，赖神以免难。使者路允迪以闻，于是中朝始知莆之湄洲屿之神之著灵验于海也。高宗南渡，绍兴丙子，始有灵惠

---

① 〔宋〕赵汝适著、杨博文校注：《诸蕃志》，北京：中华书局，1996 年，第 216—219 页。

② 阎根齐：《海南建筑发展史》，北京：海洋出版社，2019 年，第 206 页。

③ 〔明〕唐胄纂：《正德琼台志·下·坛庙》，海口：海南出版社，2006 年，第 541 页。

④ 〔明〕唐胄纂：《正德琼台志·下·坛庙》，海口：海南出版社，2006 年，第 540 页。

夫人之封；绍熙壬子，加以妃号。元人海运以足国，予是配妃以天。"[1]《琼州府志》对天后庙有明确记载的有12个，遍布海南沿海市镇：

澄迈"天妃庙初在城西下僚地，洪武丙寅知县邓春创建。永乐癸巳，知县孙秉彝重修。天顺甲申，同知徐鉴始迁于今海港。来复记，见碑"[2]。

临高"天妃庙在县治东。成化甲辰，主簿曹敏重建"[3]。

文昌"天妃庙在县南新安桥南。洪武庚戌，知县周观创。成化甲午，知县宋经移建桥北"[4]。

会同"天妃庙在县北。洪武二年，知县王思恭建。正德丙子，知县严祚重修"。

昌化"天妃庙附所治西。永乐癸巳，千户王信建"[5]。

崖州"天妃庙在州西南海边，元立。国朝永乐癸巳，千户史显重募建"[6]。

万宁"天妃庙在城东，元建。国朝永乐丙申，千户祝隽重建"。

陵水"天妃庙在城南"。

崖州"天妃庙在州西南海边，元立。国朝永乐癸巳，千户史显重募建"。

感恩"天妃庙在县西，元乡人韩德募建"。

（三）兄弟公

海南兄弟公信仰主要是琼北一带渔民的海神信仰，清代以后逐渐兴起且随侨民传播到东南亚一带。《民国文昌县志》卷二《建置志》记载："咸丰元年（1851年）夏，清澜商船由安南顺化返琼，商民买棹附之。六月十日，泊广义孟早港，次晨解缆，值越巡舰员弁觊载丰厚，猝将一百零八人先行割耳，后捆沉渊，以邀功利。焚艛献首。越王将议奖，心忽荡，是夜，王梦见华服多人喊冤稽首，始悉员弁渔货诬良。适有持赃入告，乃严鞫得情，敕奸

---

[1] 〔明〕唐胄纂：《正德琼台志·下·坛庙》，海口：海南出版社，2006年，第541页。
[2] 〔明〕唐胄纂：《正德琼台志·下·坛庙》，海口：海南出版社，2006年，第542页。
[3] 〔明〕唐胄纂：《正德琼台志·下·坛庙》，海口：海南出版社，2006年，第547页。
[4] 〔明〕唐胄纂：《正德琼台志·下·坛庙》，海口：海南出版社，2006年，第549页。
[5] 〔明〕唐胄纂：《正德琼台志·下·坛庙》，海口：海南出版社，2006年，第556页。
[6] 〔明〕唐胄纂：《正德琼台志·下·坛庙》，海口：海南出版社，2006年，第559页。

贪官弁诛陵示众。从兹，英灵烈气往来巨涛骇浪之中，或飓风黑夜扶桅操舵，或泅伏沧波，引绳觉路，舟人有求则应，履险如夷，诗人比作灵胥，非溢谀也。"①被越南国王封为"昭应英烈一百有八忠魂"。同治年间，林凤栖率众在铺前镇修建"昭应祠"，也称"昭应庙""孤魂庙""兄弟公庙"，此信仰在海口、文昌、琼海、临高、陵水以及西沙、南沙群岛，乃至泰国、越南、马来西亚、新加坡等国也多见孤魂庙。

关于一百零八兄弟（船上水手）的另外一个流传版本是，据传，清朝咸丰年间，有一次，海南岛有一条船，船上有 109 位水手，他们乘船从文昌铺前港出发到南洋谋生，途中船只遇到风浪倾覆，船上水手在农历九月十五日被某岛载南王所捕，当时有一位船上的厨工趁乱逃脱，其余 108 人均被误认为是海盗而被杀。这一百零八兄弟变成了海神，扶弱救危，显圣海上，被封为"昭应英烈一百零八忠魂"，后人建庙祭祀称"昭应庙""孤魂庙"或"兄弟公庙"。海南侨民、渔民多建此庙祭祀，以保平安顺利。在泰国、越南、马来西亚、新加坡等国海南聚居的地方建有此庙。

二、田野中的海神庙宇

（一）伏波庙

《正德琼台志》记载："伏波庙在郡城北六里龙岐村，宋建，祀汉二伏波将军。"海口龙岐村伏波庙 2013 年列为海口市重点文物保护单位。2023 年 2 月 19—20 日，笔者到该庙调研发现，龙岐村伏波庙是纪念汉代路德博和马援两位功臣而建，海南岛不少村庄建有伏波庙，龙岐村伏波庙是建得最早、历史最悠久的伏波庙。该庙规模之大，在海南也是少见的，庙有三进（即山门、中厅和正殿），还有拜亭和天井，两侧有回廊、厢房，正殿两侧还有马厩。总面积一千多平方米，主体建筑五六百平方米，庙向坐西朝东，面对海府大道。庙建筑布局基本不变，梁柱基本保持清代建筑的原貌。伏波庙的历史价值和意义在于，历史悠久，有代表性，象征国家统一、民族团结，促进民族融合，体现古建筑的审美价值和研究价值。龙岐伏波庙始建于北宋，至

---

① 李钟岳等监修、林带英等纂修：《民国文昌县志》卷二《建置志》，海口：海南出版社，2003 年，第 129 页。

今一千多年历史，历经多次修葺。明万历三十三年（1605 年），该庙圮于琼北大地震。清康熙五年（1666 年）马援远孙、分巡海南兵备道兼摄政学政按察副史马逢皋，复建龙岐马伏波庙并捐银置下永久香灯田，以供祀事。为防后人侵占刻石立于庙中。清康熙二十二年（1683 年）知府佟湘年主持庙宇重修，并将伏波庙改为"汉圣侯庙"，从此庙中加入关圣帝君的神位。雍正八年（1730 年）总兵李顺祭庙时，认为雷州伏波庙已有苏轼《伏波将军庙记》和李纲《伏波将军庙碑阴记》，而龙岐伏波庙没有，实属缺典，于是，李顺主持修葺庙宇时，将上两碑补刻置于庙中。此后，道光二十九年（1849 年）、同治十年（1872 年）先后由地方官员主持修葺。1917 年，村民对该庙进行大规模修建，形成今天的规模。1993 年，龙岐村民多次修葺庙宇。2002 年，村中父老参观雷州伏波庙后，经多次研究，决定恢复伏波庙名称，当年 12 月动工刻石，山门横额改刻为"伏波庙"，大门对联重新以青石雕刻，撰联："伏胜南蛮光汉代，波平海国镇琼州"。庙中柱上对联有"伏镇蛮疆万代英风弘古庙，波平海国千家香火谒灵神""伏念神明辅汉功高称国勇，波呈灵显徽蛮恩大济民生""辅汉功名留万古，佑民恩德耀千年"，庙正门后对联"前后两汉之戎行曾经此地，路马二公之武德益著今时"。

采访时虽然是 2 月，但外面烈日炎炎，天气十分闷热，而走进伏波庙内气温凉爽，宛若天然空调。和许多庙不同的是，这里除了香火旺盛，还有不少附近的居民父老在此打牌聊天休闲，还有人专门烧水服务，其乐融融。据说每逢初一、十五，周围的居民都会到这里来烧香祭拜。地处市中心的伏波庙，周围高楼林立，庙前的海府大道车水马龙，重修庙宇的碑文记载了这座庙宇重建的艰辛和曲折，院外张贴的红纸上写明了庙宇管理的机构和机制。如今已经没有渔民或渡海的人到这里来专门拜祭，但它仍然是地方上百姓的情感依赖。

（二）天后庙

海口市骑楼老街里的天后宫，原名环海坊，也称天妃宫或妈祖庙。是海南规模最大的妈祖庙，始建于元代，距今已有七百多年的历史。天后宫门口石碑显示，2009 年天后宫被海南省人民政府列为海南省文物保护单位。2013 年，海口文物局对天后宫进行了重新修缮，如今的建筑群包括了正殿、过亭、寝宫和东庑等。2023 年 2 月 19 日（农历正月二十九），笔者到天后宫调研时，恰逢一年一度的妈祖出游为民祈福保平安活动，场面极其盛大，附近海口得胜沙路的商铺纷纷请神拜神，舞龙舞狮，锣鼓喧天，整条骑楼老街热闹非凡，喜气洋洋。庙内资料显示，早在宋元时期，妈祖文化就随着闽人渡琼，流传至海南岛。妈祖原名林默，宋建隆元年（960 年）三月廿三出生于福建莆田，在宋雍熙四年（987 年）羽化升天。妈祖的一生充满了传奇色彩，她屡次拯救海难，受到人们的尊重和信仰。历代皇帝出于种种原因，先后三十六次对妈祖叠奖褒封，确立了她作为中国海神的至高无上地位。天后宫里的陈列馆，展出了近年修缮时挖出的石碑和石构建，当中有一块《天妃庙田记》碑，是海口天后宫的镇山之宝。这块石碑是在 2013 年的修缮工程中无意发现的，上面刻的碑文向世人披露了这座天后宫的过往历史，撰碑人是奉政大夫、广西按察司佥事、前监察御史致仕李廷珍。

笔者发现，在海口天后宫旁边的小巷子里，还有另一座天后宫。这座天后宫的规模很小，简陋的小屋里同样供奉着妈祖神像，香炉里香烟缭绕。在 20 世纪海口天后宫被炸毁和挪作他用之时，民间仍有瞻仰妈祖和祈福的需求，这座小庙就是信众自发祭祀妈祖的场所。时至如今，尽管旁边的海口天后宫已经修缮好并重新开放，但不少信众还是习惯到这座小庙祈福，所以至今香火鼎盛。

（三）兄弟公庙

2020 年 11 月 11 日，笔者到琼海市潭门草塘村调研发现，琼海草塘村[①]被誉为"南海第一村"，村民自明朝起便前往南海捕鱼，现在的草塘村委会辖下有四个自然村：上教、草塘、文教、孟菜园。每个村都有一座兄弟庙。琼海市潭门镇草塘村村委会书记王善雄介绍，"我们这里没有什么祠堂，但有庙，兄弟庙，土地庙。每个村都有个兄弟庙，土地庙有些村里不止一个，

---

① 草塘村委会位于潭门镇东北部，东临南海，南毗潭门中心渔港，西接九吉工业区，北邻龙湾港。全村总面积 6500 多亩，耕地面积 1200 余亩，海岸线长 4 千米，分为草塘自然村（281 户 1454 人）、文教自然村（210 户 1207 人）、上教自然村（190 户 967人）、孟菜园自然村（122 户 704 人）等 4 个自然村，每个自然村下辖若干村小组，共辖13 个村民小组（草一、草二、草三、草四、文一、文二、文三、文四、上一、上二、上三、孟一、孟二），总人口 3800 多人。

有两个，村头一个，村尾一个，一个村不止一个。草塘有两个，上教有三个，孟菜园有一个。上教村有个庙有屈原像，又有关公，有龙公，这个庙在解放以前就有了。屈原像解放前就有的，关公像是后来才做的。上教的那个庙，还有水尾圣娘。上世纪60年代我十来岁，不敢进去这个庙。屈原的像很早就在那里，听说是渔民到南沙去那边把他接回来，不过屈原的扇子就搞坏了，后来才补上去的。过去的雕像跟现在不一样，过去雕刻得比较精美。现在关公的雕刻比不上过去精美。屈原的就是过去雕工雕刻的，他的扇子补上去就不怎么好。"文教自然村有一座形制恢弘的兄弟庙，门前桥头栏杆上雕刻着龙凤，墙上置一对鲤鱼香炉，庙里的一副对联道出了兄弟庙的意义，"兄弟联吟镜海清，孤魂作颂烟波静"，渔民祭拜兄弟公保佑平安的同时也在祭奠葬身大海的遇难者。国家级非遗项目"祭祀兄弟公出海仪式"的代表性传承人潭门镇草塘村村民黄庆河介绍，琼海潭门港的渔民在出海前必祭祀兄弟公，称为"做福"。琼海市潭门镇草塘村村委会书记王善雄介绍，每逢七月十五，或出海前，或海上生产满载而归时，琼海潭门一带的渔民都会举行祭祀兄弟公出海仪式，以求风调雨顺，平安而归。

　　除了琼海，海南其他地方也有兄弟庙，如以海洋捕捞为主要产业的海南三联村亮肚村也有一座兄弟庙，称为埠头兄弟庙，为这里吴姓渔民自发兴建，庙宇形制较小，庙中供奉的神位写着"本港埠头众兄弟之神位"，正堂横梁上书写"海业丰登"四个大字，大门张贴对联："护佑乡坊长福禄，扶持老少永安怀"。横批："神德无疆"。人们到庙里祭拜祈福，希望"神恩普照千秋盛，人与财旺万代昌"。距离三联亮肚村埠头兄弟庙不到50米的地方，还有一座规模较大的六皇庙，相比之下，兄弟庙较为简陋，信众以本地渔民为主，询问村民该兄弟庙与一百零八兄弟有没有关系，均表示不清楚。

　　调研可知，琼海沿海一带渔民所建立的庙宇众多，而几乎每个村都有一座兄弟公庙，这里渔民既祭拜一百零八兄弟公，也拜水尾圣娘，拜关公，拜屈原，拜土地公，形成移民社会信仰驳杂的特点。

三、海神信仰的历史渊源

（一）历史渊源

同是海神信仰的伏波信仰、天妃信仰和兄弟公信仰，从历史渊源来看，三者其实有着明显的差异。伏波信仰始于汉代，年代最为久远，北宋苏轼被贬儋耳，三年获赦北归，顺利渡海后，在雷州伏波庙写下《伏波庙记》。苏轼南去北归一往一返两渡海峡，舟船均顺风而济，感而作《伏波庙记》："海上有伏波祠，元丰中诏封忠显王，凡济海者必卜焉。曰：'某日可济乎？'或置或否。……四州之人，以徐闻为咽喉，南北之济者，以伏波为指南，事神其敢不恭。"①南宋宰相李纲被贬万安军，驻琼只有十几天，也祭拜过龙岐伏波庙，并为渡海北归求神问卜，抵达雷州后在《雷州庙碑阴记》详细记载了问卜渡海的经历；"建炎三年十一月二十四日，夜半乘潮南置，翌日次琼管，恬无惊忧。后三日，祗奉德音，蒙恩听还，疾良愈，躬祷行宫，卜以十二月五日己丑北波不吉，再十六庚寅吉。己丑之昼，风霾大作，庚寅乃息。日中潮来，风使波平，举帆行，安加枕席。"②

　　如果说宋代以前的伏波海神信仰主要是渡海之人祈求护佑的海洋平安保护神，那么元代以后扎根海南的天妃海神信仰则是各地海商落籍海南的结果，反映出海南大型贸易港口的日渐兴盛，如海口这样的大港，也反映了沿海港口的海洋人口迁徙和商业开发，同时也反映出沿海造船业的发达。到海南来经商贸易的尤以东莞、新会、番禺、顺德、潮州、福建籍海商为多。陵水县的桐栖港，每年广、潮二府商贾于此运载槟榔、糖、藤等货。东莞县的乌艚船和新会县的横江船，都是富家主造，从事海上贸易。驾船之人名曰"后生"，系船主家所养义男壮夫，每船四五十人。南至琼州载自藤、槟榔等货，东至潮州载盐，皆得十倍之利。③海南最早的天后庙是元代在琼山建立。海南沿海各州县均修建一个至数个天后宫、天妃庙，并屡次修葺、扩建。海上来来往往的贸易船只及渔民渔船，以及官民渡海必先告庙虔诚祭祀。福建人到海南渡海经商在明代以后日盛，从海南各地的族谱来看，不少家族的迁琼始祖是来自福建，如儋州洋浦盐田村的谭氏，万宁詹氏、陈氏、卓氏，文昌郑氏，三亚保港陈氏等等，语言学上也有明显的证据，说明明代以来海南移民所讲的方言，属于漳泉系统语言。天后信仰在海南的迅速广泛

　　① 孔凡礼点校：《苏轼文集》卷十七《伏波庙记》，北京：中华书局，1986 年，第 505—506 页。
　　②〔明〕唐胄纂：《正德琼台志·下·坛庙》，海口：海南出版社，2006 年，第 536 页。
　　③ 俞大献《洗海近事》卷上。

传播即是福建移民带来的文化现象。

　　兄弟公是一种不同于伏波和天妃的独特类型的海神信仰，其起源有多种传说，一说起源于明代，以梁山伯一百零八好汉结义兄弟为蓝本。一说起源于清代，说海南有"一百零八兄弟"远航捕捞，遭遇台风，人船并失，后来一百零八兄弟多次显灵救助遭遇海难者，沿海乡亲感激他们的恩德，建祠立庙来纪念；另一说越南海南侨民认为昭应公是前往越南顺京做生意的琼商，这 108 位海商遭到阮朝巡兵的沉杀，成为海上冤魂，后来平反昭雪，被敕封"义烈昭应"，成为海南人的海洋保护神。与海南东部沿海渔民远海作业的生计方式以及跨海流动的历史传统密切相关，后来广泛分布于海南东部沿海、南海诸岛以及东南亚琼籍华人社区。作为国家非物质文化遗产的"祭兄弟公出海仪式"，在琼海民间又称为"做福习俗"，是琼海渔民在远航前必举行的仪式。琼海渔民主要在西沙、南沙、中沙群岛一带海域开展远洋作业，他们的驾船出远海的作业方式决定了必须是集体作业，因此就有"兄弟"合作，每年出海进行远洋捕捞时都要举行庄重的祭祀仪式，启程前一般在七月十五这天举行出海仪式，远航归来后举行"洗咸"仪式，逢年过节和航船到达某海域时还要举行。一百零八兄弟公信仰是与南海渔民远洋捕捞的生计方式相适应的信仰民俗，其海外传播体现出南海海洋社会的流动性[①]在海南渔民的文化实践中，作为守护神的海神兄弟公具有超越妈祖的地位和影响力，海神兄弟公又进一步演变成海外琼籍华人的重要"祖神"，成为维系东南亚琼籍华侨与祖籍地关系的象征符号以及琼籍华侨认同的重要标识。[②]

（二）文化变迁

　　与海相连的地理环境是所有海神信仰扎根民间的客观原因，濒海、渡海、驾船、航海，海上风浪的潜在危害，频发的台风，不确定性因素下人们对航行平安的渴望催生了对海神的虔诚膜拜，"地理环境是人类社会存在和

---

　　① 王小蕾、王颖、郭佳美：《南海渔民兄弟公信仰的记忆生产》，载《中国海洋社会学研究》，2020 年第 0 期。

　　② 王利兵：《流动的神明：南海渔民的海神兄弟公信仰》，载《中山大学学报（社会科学版）》，2017 年第 6 期。

发展的前提……对社会历史的影响十分深远"[1]。同理，地理环境对地方民间信仰的影响也是不容忽视的。天妃和兄弟公作为海神的客观事实决定了其信仰的传播是以海洋为主要线路的。海南沿海各港口的自然环境为天妃信仰的传入和兄弟公信仰的形成提供了必要的客观环境。如前所述，天妃信仰的传入和发展与福建海商有密切的关系，而海商的到来又是海南沿海各港口发展的结果，尤其是明代以后，广东海防重心的南移以及海上丝绸之路的发展增加了海南沿海各港的重要性，加大了对福建等地海商的吸引力，海南特殊的地理环境决定其文化的海洋性特征，为天妃信仰和兄弟公信仰的发展扩大奠定了客观基础。

当港口消亡、航运技术提高减少海上作业的危险性，海神信仰的神性职能就会相应地变迁，如天妃信仰在官方的提倡和民间信奉下，不仅在量上在海南沿海地区形成很大的规模，而且在质上亦深入众多信众的内心，成为人们基于自身所处历史环境所做的"工具性"选择，因此，即使外部海洋性环境发生了改变，人们亦对海神存在心理上的敬仰和认同，于是将其从单纯的海洋保护神发展为更贴近他们生活的地方万能神、地方保护神或财神。伏波信仰也有类似的变迁，有学者认为，在海南，本被奉为国家先贤、抚边将军的伏波在唐宋时期即是海神，明清时期逐渐演变为既是先贤也是与海南普遍崇奉的峒主相类似的地方保护神。[2]伏波信仰在海南演变的大致脉络为，由最初的海洋保护神到吸收地方其他神祇职能而神性扩大进而发展为地方保护神。有学者指出，某种具有正统性象征的神明崇拜，可能被利用而作为改变社会地位的文化手段。[3]对于海南沿海地区的民众而言，他们往往借伏波信仰来表示对两位伏波将军的崇敬，伏波将军强大的威慑力可以降妖镇宅，可以给他们带来安全和安定，地方官员则根据各自的需要，把伏波塑造为对自己有用的神灵工具，借以维持自己在当地的文化权力。笔者田野所见，海口龙岐伏波庙的历代修葺重建即是明证。

---

① 王荫庭：《再论普列汉诺夫的地理环境学说》，载《武汉大学学报（社会科学版）》，1984 年第 6 期。

② 谢国先、丁晓辉：《海南民间伏波信仰的特点》，载《海南热带海洋学院学报》，2021 年第 6 期。

③ 刘志伟：《地域社会与文化的结构过程——珠江三角洲研究的历史学与人类学对话》，载《历史研究》，2003 年第 1 期。

海神信仰的传播一般有两条路径：一是民间，一是官方。在伏波、天妃、兄弟公三者中，天妃即妈祖信仰的官方烙印最深，也正是由于官方的多次赐封，真正促使其成为世界性的万能神祇——历经宋、元、明、清四朝共36次赐封褒奖，宋代14次敕封，元代5次敕封，明代2次敕封，清代15次敕封，从宋高宗绍兴二十六年（1156年）封"灵惠夫人"到清咸丰三年（1853年）封"护国庇民妙灵昭应弘仁普济福佑群生诚感咸孚显神赞顺垂慈笃佑安澜利运泽"。清康熙五十九年（1720年），妈祖和孔子等一起被尊为"春秋谕祭"之神，列入国家祀典。正是由于历代官方对妈祖信仰的重视，逐渐扩大其影响力和信仰规模。官方的重视同时也推动了一些民间文化组织的成立，如2011年1月5日，海南省妈祖文化交流协会，海口市妈祖文化交流协会同时在海口成立，同年9月23日至26日，海南省妈祖文化交流协会组织了全省13家妈祖庙207名信众前往福建莆田湄洲岛妈祖祖庙谒祖敬香。妈祖的故事在民间经过历代口口相传，其神迹逐渐把她塑造为一位完美的女神。随着时代的发展，有的港口码头迁移到其他地方，原港口码头附近的天妃庙却保留下来，没有因为渔民或海商的离去、港口的衰落而消失，反而她的神性在扩大，妈祖在保护航海平安的同时还兼有财神的神性。从海洋航行的角度来说，妈祖作为海洋保护神使各路海商增添了与不可预测的海洋搏斗的勇气；而从生计的角度出发，人们的信仰主要侧重于对财富的追求，渔民侧重出海捕捞的收获，商人重于贸易的顺利和获利的最大额，趋利性消解了靠海而生的人们对海洋的恐惧，并源源不断提供他们从事海上活动的动力。

从传播的线路来说，伏波信仰和天妃信仰都是从岛外传入，由外向内传播；而兄弟公信仰起源自海南，传至南海诸岛，又随海商传至东南亚各国，由内向外辐射。兄弟公（照应公）信仰随着海南人向外播迁，流传到海外，成为带有一定国际色彩的琼籍华人群体共同拥有的民间信仰。

四、结语

从以上的论述可见，伏波信仰最早传入海南，后成为本地的海神信仰，以海口伏波庙为盛；天后信仰在海南沿海地区最为普遍，庙宇最多，成为宋以后海南沿海民众专祀的海神，天后信仰与商贸往来的关系最为密切，以海口天后宫尤盛；兄弟公信仰主要在海南东部沿海地区，出现较晚，兄弟公信仰主要为海南东部沿海渔民祭拜，以琼海潭门一带沿海尤盛。本文通过对海口、琼海等地沿海海神信仰的文献研究和持续的田野调查，从历史渊源、文化变迁、文化传播等角度梳理出伏波、天妃、兄弟公等海神信仰的同与异，意在说明宋代以来海神信仰与海南沿海地方社会形成的互动关系。研究显示，海神信仰作为一种民间信仰，具有极强的功利性与信仰的灵活性，其在传播的过程中，有可能因种种原因消退其原初神性，或者吸纳其他地方神神性，附会与现实相关的神性，从而产生神性"泛化"，体现出其与现实的适应性。民间信仰的"泛化"是社会发展的必然结果，也是其发展过程的必经阶段。从以上的分析可见，伏波信仰和天妃信仰在海南已经基本完成了它的神性"泛化"，但兄弟公信仰的"泛化"才刚刚开始。

征稿启事

《海洋文化研究》（*Studies of Maritime Culture*）是海南热带海洋学院东盟研究院主办的学术性辑刊，每年出版两辑，由中国出版集团公司和世界图书出版公司公开出版，中国知网收录。本辑刊努力发表国内外海洋文化研究的最近成果，反映前沿动态和学术趋向，诚挚欢迎国内外同行赐稿。

凡向本辑刊投寄的稿件必须为首次发表、符合学术规范的原创性论文，请勿一稿多投。请直接通过电子邮件方式投寄，并务必提供作者姓名、机构、职称和详细通信地址。编辑部将在接获来稿两个月内向作者发出稿件处理通知，其间欢迎作者向编辑部查询。

来稿统一由本辑刊学术委员会审定，不拘中、英文，正文注释统一采用页下脚注，优秀稿件不限字数。论文整体及相关附件的全部复制传播的权利——包括但不限于复制权、发行权、信息网络传播权、汇编权等著作财产权许可给《海洋文化研究》编辑部及世界图书出版公司使用，上述单位有权通过包括但不限于以下方式使用，除本辑刊自行使用外，本辑刊有权许可第三方平台（含中国知网）等行使上述权利。来稿一经刊用，即付稿酬，并赠该辑书刊 2 册。根据著作权法规定，凡向本辑刊投稿者皆被认定遵守上述约定。

如撤稿，请提交申请，经编辑部同意后，即可撤稿。

稿件组成结构和格式说明：

1. 标题：黑体。如有基金项目，用圆圈数字上标符号做页下注，含来源、名称及批准号或项目编号。

2. 作者名：楷体。作者简介用圆圈数字上标符号做页下注，内容为所在单位、职称及职务、研究方向，多名作者一一列出。

3. 内容提要：楷体。

4. 关键词：楷体。

5. 一级小标题：序号"一、"；二级小标题：序号"（一）"；三级小标题：序号"1."；四级小标题：序号（1）。标题用黑体区分，字号比正文稍大。

6. 正文：五号宋体。

如果有图片，独立编号，后加图题；如果有表格，独立编号，后加表题。

7. 文献参考：

（1）为了便于阅读，文献出处采用页下注，每页重新编号，正文中用上标"①、②、③……"。文献著录格式可参考如下：

练铭志、马建钊、朱洪：《广东民族关系史》，广州：广东人民出版社，2004年，第 704—705 页。

〔美〕Barry Rolett：《中国东南的早期海洋文化》，收录于蒋炳钊主编《百越文化研究》，厦门大学出版社，2005 年，第 132 页。

陈文：《科举在越南的移植与本土化》，暨南大学博士学位论文，2006 年。

王氏红：《河内玉山寺刻印的汉喃书籍目录》，载《汉喃杂志》，2000 年第 1 期，第 96 页。

Kenneth N. Waltz, *Theory of International Politics*, New York: McGraw Hill Publishing Company, 1979, p.81.

Robert Levaold, "Soviet Learning in the 1980s", in George W. Breslauer and Philip E. Tetlock, eds., *Learning in US and Soviet Foreign Policy*, Boulder, CO: Westview Press, 1991, p.27.

Stephen Van Evera, "Primed for Peace: Europe after the Cold War", *International Security*, Vol.15, No.3, 1990/1991, p.23.

（2）如果有文后参考文献表，格式按全国信息与文献标准化技术委员会《文后参考文献著录规则》（GB/T）最新版执行，即按普通图书［M］、期刊［J］、学位论文［D］等分类格式。

投稿一律用 Word 或 WPS。

编辑部地址：海南省三亚市吉阳区育才路 1 号，海南热带海洋学院东盟研究院；电子信箱：whyj2023@163.com。